如果鲸鱼之歌成为绝唱

[法] 让-皮埃尔·西尔维斯特 / 著
盛霜 / 译

图书在版编目（CIP）数据

如果鲸鱼之歌成为绝唱 / (法) 让-皮埃尔 · 西尔维斯特著；盛霜译. -- 北京：中国文联出版社, 2020.7
（绿色发展通识丛书）
ISBN 978-7-5190-3630-0

Ⅰ. ①如… Ⅱ. ①让… ②盛… Ⅲ. ①海洋生物－生物多样性－研究 Ⅳ. ①Q178.53

中国版本图书馆CIP数据核字(2020)第121437号

著作权合同登记号：图字01-2017-5148
Originally published in France as :
Si le chant des baleines s'éteignait : Menaces sur les mammifères marins by Jean-Pierre Sylvestre

如果鲸鱼之歌成为绝唱
RUGUO JINGYU ZHI GE CHENGWEI JUECHANG

作　　者：[法] 让-皮埃尔·西尔维斯特
译　　者：盛　霜

终 审 人：朱　庆
责任编辑：冯　巍　　复 审 人：闫　翔
责任译校：黄黎娜　　责任校对：张　静
封面设计：谭　锴　　责任印制：陈　晨

出版发行：中国文联出版社
地　　址：北京市朝阳区农展馆南里10号，100125
电　　话：010-85923076（咨询）85923092（编务）85923020（邮购）
传　　真：010-85923000（总编室），010-85923020（发行部）
网　　址：http://www.clapnet.cn　　http://www.claplus.cn
E-mail：clap@clapnet.cn　　fengwei@clapnet.cn

印　　刷：中煤（北京）印务有限公司
装　　订：中煤（北京）印务有限公司
本书如有破损、缺页、装订错误，请与本社联系调换

开　　本：720 × 1010　　1/16
字　　数：188千字　　印　张：20.75
版　　次：2020年7月第1版　　印　次：2020年7月第1次印刷
书　　号：ISBN 978-7-5190-3630-0
定　　价：82.00 元

"绿色发展通识丛书"总序一

洛朗·法比尤斯

1862年，维克多·雨果写道："如果自然是天意，那么社会则是人为。"这不仅仅是一句简单的箴言，更是一声有力的号召，警醒所有政治家和公民，面对地球家园和子孙后代，他们能享有的权利，以及必须履行的义务。自然提供物质财富，社会则提供社会、道德和经济财富。前者应由后者来捍卫。

我有幸担任巴黎气候大会（COP21）的主席。大会于2015年12月落幕，并达成了一项协定，而中国的批准使这项协议变得更加有力。我们应为此祝贺，并心怀希望，因为地球的未来很大程度上受到中国的影响。对环境的关心跨越了各个学科，关乎生活的各个领域，并超越了差异。这是一种价值观，更是一种意识，需要将之唤醒、进行培养并加以维系。

四十年来（或者说第一次石油危机以来），法国出现、形成并发展了自己的环境思想。今天，公民的生态意识越来越强。众多环境组织和优秀作品推动了改变的进程，并促使创新的公共政策得到落实。法国愿成为环保之路的先行者。

2016年"中法环境月"之际，法国驻华大使馆采取了一系列措施，推动环境类书籍的出版。使馆为年轻译者组织环境主题翻译培训之后，又制作了一本书目手册，收录了法国思想界最具代表性的40本书籍，以供译成中文。

中国立即做出了响应。得益于中国文联出版社的积极参与，“绿色发展通识丛书”将在中国出版。丛书汇集了40本非虚构类作品，代表了法国对生态和环境的分析和思考。

让我们翻译、阅读并倾听这些记者、科学家、学者、政治家、哲学家和相关专家：因为他们有话要说。正因如此，我要感谢中国文联出版社，使他们的声音得以在中国传播。

中法两国受到同样信念的鼓舞，将为我们的未来尽一切努力。我衷心呼吁，继续深化这一合作，保卫我们共同的家园。

如果你心怀他人，那么这一信念将不可撼动。地球是一份馈赠和宝藏，她从不理应属于我们，她需要我们去珍惜、去与远友近邻分享、去向子孙后代传承。

2017年7月5日

（作者为法国著名政治家，现任法国宪法委员会主席、原巴黎气候变化大会主席，曾任法国政府总理、法国国民议会议长、法国社会党第一书记、法国经济财政和工业部部长、法国外交部部长）

“绿色发展通识丛书”总序二

万钢

习近平总书记在中共十九大上明确提出，建设生态文明是中华民族永续发展的千年大计。必须树立和践行绿水青山就是金山银山的理念坚持节约资源和保护环境的基本国策，像对待生命一样对待生态环境。我们要建设的现代化是人与自然和谐共生的现代化，既要创造更多物质财富和精神财富以满足人民日益增长的美好生活需要，也要提供更多优质生态产品以满足人民日益增长的优美生态环境需要。近年来，我国生态文明建设成效显著，绿色发展理念在神州大地不断深入人心，建设美丽中国已经成为13亿中国人的热切期盼和共同行动。

创新是引领发展的第一动力，科技创新为生态文明和美丽中国建设提供了重要支撑。多年来，经过科技界和广大科技工作者的不懈努力，我国资源环境领域的科技创新取得了长足进步，以科技手段为解决国家发展面临的瓶颈制约和人民群众关切的实际问题作出了重要贡献。太阳能光伏、风电、新能源汽车等产业的技术和规模位居世界前列，大气、水、土壤污染的治理能力和水平也有了明显提高。生态环保领域科学普及的深度和广度不断拓展，有力推动了全社会加快形成绿色、可持续的生产方式和消费模式。

推动绿色发展是构建人类命运共同体的重要内容。近年来，中国积极引导应对气候变化国际合作，得到了国际社会的广泛认同，成为全球生态文明建设的重要参与者、贡献者和引领者。这套“绿色发展通识丛书”的出版，得益于中法两国相关部门的大力支持和推动。第一辑出版的40种图书，包括法国科学家、政治家、哲学家关于生态环境的思考。后续还将陆续出版由中国的专家学者编写的生态环保、可持续发展等方面图书。特别要出版一批面向中国青少年的绘本类生态环保图书，把绿色发展的理念深深植根于广大青少年的教育之中，让“人与自然和谐共生”成为中华民族思想文化传承的重要内容。

科学技术的发展深刻地改变了人类对自然的认识，即使在科技创新迅猛发展的今天，我们仍然要思考和回答历史上先贤们曾经提出的人与自然关系问题。正在孕育兴起的新一轮科技革命和产业变革将为认识人类自身和探求自然奥秘提供新的手段和工具，如何更好地让人与自然和谐共生，我们将依靠科学技术的力量去寻找更多新的答案。

2017年10月25日

（作者为十二届全国政协副主席，致公党中央主席，科学技术部部长，中国科学技术协会主席）

“绿色发展通识丛书”总序三

铁凝

这套由中国文联出版社策划的“绿色发展通识丛书”，从法国数十家出版机构引进版权并翻译成中文出版，内容包括记者、科学家、学者、政治家、哲学家和各领域的专家关于生态环境的独到思考。丛书内涵丰富亦有规模，是文联出版人践行社会责任，倡导绿色发展，推介国际环境治理先进经验，提升国人环保意识的一次有益实践。首批出版的40种图书得到了法国驻华大使馆、中国文学艺术基金会和社会各界的支持。诸位译者在共同理念的感召下辛勤工作，使中译本得以顺利面世。

中华民族“天人合一”的传统理念、人与自然和谐相处的当代追求，是我们尊重自然、顺应自然、保护自然的思想基础。在今天，“绿色发展”已经成为中国国家战略的“五大发展理念”之一。中国国家主席习近平关于“绿水青山就是金山银山”等一系列论述，关于人与自然构成“生命共同体”的思想，深刻阐释了建设生态文明是关系人民福祉、关系民族未来、造福子孙后代的大计。“绿色发展通识丛书”既表达了作者们对生态环境的分析和思考，也呼应了“绿水青山就是金山银山”的绿色发展理念。我相信，这一系列图书的出版对呼唤全民生态文明意识，推动绿色发展方式和生活方式具有十分积极的意义。

20世纪美国自然文学作家亨利·贝斯顿曾说："支撑人类生活的那些诸如尊严、美丽及诗意的古老价值就是出自大自然的灵感。它们产生于自然世界的神秘与美丽。"长期以来，为了让天更蓝、山更绿、水更清、环境更优美，为了自然和人类这互为依存的生命共同体更加健康、更加富有尊严，中国一大批文艺家发挥社会公众人物的影响力、感召力，积极投身生态文明公益事业，以自身行动引领公众善待大自然和珍爱环境的生活方式。藉此"绿色发展通识丛书"出版之际，期待我们的作家、艺术家进一步积极投身多种形式的生态文明公益活动，自觉推动全社会形成绿色发展方式和生活方式，推动"绿色发展"理念成为"地球村"的共同实践，为保护我们共同的家园做出贡献。

中华文化源远流长，世界文明同理连枝，文明因交流而多彩，文明因互鉴而丰富。在"绿色发展通识丛书"出版之际，更希望文联出版人进一步参与中法文化交流和国际文化交流与传播，扩展出版人的视野，围绕破解包括气候变化在内的人类共同难题，把中华文化中具有当代价值和世界意义的思想资源发掘出来，传播出去，为构建人类文明共同体、推进人类文明的发展进步做出应有的贡献。

珍重地球家园，机智而有效地扼制环境危机的脚步，是人类社会的共同事业。如果地球家园真正的美来自一种持续感，一种深层的生态感，一个自然有序的世界，一种整体共生的优雅，就让我们以此共勉。

2017年8月24日

（作者为中国文学艺术界联合会主席、中国作家协会主席）

目录

序言

我知道，在雪地里驾驶一刻也不能放松警惕，但我喜欢在寒冬里行驶，尤其是在这样的美景之中。一阵暴风雪过后，魁北克在寒风中凝滞了起来。大地银装素裹，树木都披上了雪白的外衣，树枝被沉甸甸的雪压弯。我决定重新上路，从里姆斯基回魁北克的家。在一片灰色的天空下，我将要在覆盖着雪的公路上驱行五百多公里。我沿着马塔佩迪亚河行驶，这条河以盛产大西洋鲑鱼而声名远扬。在这个季节，河里已没有鲑鱼，黑熊在洞穴中冬眠，但狐狸、郊狼、驼鹿（又名弗吉尼亚鹿）在冬季十分活跃，我在路上可能会遇到它们。因此，我安静地缓慢驾驶，以避免撞到动物，同时也能欣赏环绕于我身边的自然美景。一路的美景中看不到任何房屋，公路上没有一辆汽车；我独自一人身处寒冬之中，甚至忘了我并没有远离人类文明。伴随着背景音乐，加拿大音乐空间电台正照常播放着早晨的节目和新闻。然而，今天的节目却让我一整天都心情糟糕。主持人说道，2006 年秋末，科学家们在长江进行了一次探索考察，却没有发现任何淡水江豚（生活在江河等淡水中的豚类）。这次巡航考察结束后，科学家们得出结论，白鳍豚（长江河豚的中文学名）已经功能性灭绝了！一股愤怒与绝望的心情瞬间充斥了我的大脑，使我停下了车。长江江豚的灭绝不仅是一个物种的悲剧，更是一种灾难的象征，象征着野生动物世界的终结、人类保护生态系统意识的终结，以及地区传统与传说的终结。长江江豚的研究记载到此便戛然而止了。在长江这条河流之中，我再也看不到白鳍豚了，别人也是如此，再也看不到了。那些曾经见过并触碰、研究过白鳍豚的人们多么幸运，能接触到这一独特的物种。我曾经在世界各地接触各种鲸类，面对这种情况，我意识到，在最后见过白鳍豚的二十几名专家中，我荣幸地成为其中之一。而现在，白鳍豚的名字也列入了长长的灭绝物种名录中。尽管身处美景之中，我却完全失去了一开始欣赏雪景的好心情，这条消息让我整天的旅程都不太愉快。

世界上的动物学家们越来越积极地投身于灭绝动植物的研究之中。在进化的过程中，每个物种在地球上都拥有一定的平均存活寿命。按照物种的进化程度，这种寿命也会有所不同。物种越原始，寿命则越长。例如，哺乳动物的寿命就比海洋无脊椎动物的寿命要短。从几亿年前起，海百合（一种花状的海洋无脊椎动物）就遍布海洋各处，而许多哺乳动物种类则只存在了500万年，之后就慢慢地自然灭绝了。头足纲的菊石体外有硬壳，生活在古生代[1]到中生代[2]时期。根据许多地层中发现的菊石化石，可得知菊石曾存在了800万年。现今已知寿命最长的物种是欧洲蝌蚪虾（Triops cancriformis，世界上广泛分布的一种淡水甲壳动物），它存活了3亿年，却没有发生任何变化。从古生代初期（5.4亿年前）开始，根据系统分类，一般而言，物种存活的寿命在100万至1000万年之间，而这种海洋无脊椎动物则存在了1500万至3000万年。新生代[3]初期，高等脊椎动物（哺乳动物和鸟类）灭绝的平均速度是每两百年灭绝一个物种。随着人类"文明"的发展，这种速度发生了极大的改变。在过去的四个世纪里，人类活动使210种高等脊椎动物走向了灭绝，平均速度已是每两年灭绝一个物种。也就是说，现在的物种灭绝速度是新生代以来自然灭绝速度的100倍，而且这一速度在接下来的几十年里很可能会继续加快。海洋哺乳动物也难逃厄运，我们接下来将会分析这一新现象。

地球上的生命有着悠久的历史。自地球诞生之日起，也就是46亿年以来，地球经历了许多个时期，或者说地质时

① 古生代又称显生宙的第一代，从5.41亿年前延续至2.52亿年前。

② 中生代，又称显生宙第二代，从约2.5亿年前延续至约6500万年前。

③ 新生代，又称第三纪，从约6500万年前延续至约180万年前。

代。前寒武纪时期（距今约46亿~约5.4亿年）是一个非常漫长的时代（这一时期占地球历史的五分之四），最早的生命和叠层石[①]就出现在这一时期，即35亿年前[②]。随后是古生代，大部分无脊椎动物、早期的鱼类、两栖动物和爬行动物在这一时期出现，其后是中生代。在经历过一个短暂的灭绝时期（二叠纪晚期，2.55亿年前）后，恐龙（鸟禽类）和其他爬行动物开始统治地球。在爬行动物迅速壮大的这一时期，新出现的胎生哺乳动物避开它们，隐秘地进化发展。距今约6500万年前，随着恐龙的灭绝，地球进入了一个新的进化时期——新生代。在这一时期，哺乳动物迅速繁荣壮大，很快

---

① 叠层石是由微生物活动所引起的沉积构造，形状呈花菜形。其顶部的亮层由一层纤薄而带有黏性的岩层构成，其中有蓝藻。蓝藻的光合作用产生氧气，依靠发酵而存活的微生物在岩层下阴暗的褶皱缝隙中活动。蓝藻的覆盖使微生物活动产生的沉积物难以挥发，有利于碳酸盐的沉积，因此，这种沉积物如花状一层层地叠加。由于它们的叠加受潮汐、温度和光照的影响，形成比较缓慢，叠层石的周期性沉淀都是以立方毫米来计算的。

② 这一时期最古老的叠层石发现于澳大利亚西北部的阿倍克斯，距今约35亿~34亿年。世界各地均有发现叠层石的化石，包括澳大利亚、巴西、加拿大、中国、美国、法国、印度、以色列、哈萨克斯坦、挪威属斯瓦尔巴群岛、俄罗斯和南非等国家和地区。如果说我们发现了34亿年前的叠层石化石，那么，我们可以据此得知，最早的生命出现在这之前。其他的迹象也可以证明这一点，比如在格陵兰岛的岩层中，发现了距今约37亿年的其他类型的生物化石。

占据了由中生代的恐龙和其他爬行动物留下的空巢，成为地球的统治者。第四纪时（约180万年前至今），人类出现了，并最终在地球上扎下根来。第四纪分为两个不同的时期：更新世（180万~1万年前）和全新世[1]（1.143万年前至今）。正如2002年诺贝尔化学奖得主保罗·克鲁岑所言，我们从全新世中走出来，进入了一个新时代，甚至可以说是一个新的地质时期：人类世。这个全新的时代，或者说是地质时期，不是由地球运动或气候变化引发的，而仅仅是由唯一一个物种的活动所引起的，即人类。三个世纪以来，人类数量由1700年的6亿增长到了2000年的65亿多。到2050年，人类数量又会达到多少呢？一些科学家推测会达到90亿人。激增的人口带来了能源、食物等需求的大幅度增长，人们大肆开荒、捕鱼，破坏土地，掏空海洋。海洋中随处可见的不再是鱼类，而是塑料袋和各种腔肠动物。在北极，夏季的浮冰逐年减少。在地球的土地上，曾经的不可能如今变为可能。石油巨头公司为了节约成本、提高利润，比起远远地绕行印度洋或穿过巴拿马运河，他们更愿意从北冰洋沿线取道，以便从大西洋直接航行到太平洋。我们知道，一些油船和货轮年久失修，

[1] 许多古气候学家认为，全新世只是更新世中一段气候炎热的时期，而不是一个全新的地质时代。

设施陈旧，航行过程中不可能毫无意外，除非石油公司的船主和专家具有十分理智的头脑。一场油船海难会对北冰洋及其周围海域造成灾难性后果，动物们会受到严重威胁。这一地区丰富的海洋哺乳动物，即便处于食物链的顶端，也会面临重大危机。而现今，要是一些动植物物种灭绝了，这很大程度上不是由于人类捕猎或过度攫取资源，而是由于它们的生活环境受到了污染，甚至完全被毁灭。我们刚才提到的长江就是一个典型的例子，是人类世中人类活动消极影响的体现。哲学家汉斯·乔纳斯说的话不无道理："自然界最大的威胁，就是人类的诞生。"[①]

令人欣慰的是，1948 年以来，一个世界性的无政府组织——世界自然保护联盟（IUCN，又称国际自然与自然资源保护联盟），开始承担保护自然的永久任务。从 1963 年开始，IUCN 编制了濒危物种红色名录[②]，它成为世界上关于保护动植物物种的最完整清单。其主要目标是警醒公众和政府，大

① 汉斯·乔纳斯（Hans Jonas），《责任命令》（*Le Principe responsabilité*），弗拉马利翁出版社（Flammarion），2013 年。

② 这项名录将物种分为 9 大类：灭绝（EX）、野外灭绝（EW，即仅存在于人工环境下）、极危（CR）、濒危（EN）、易危（VU）、近危（NT）、无危（LC）、数据缺乏（DD）和未予评估（NE）。每一类型都有相应的数量标准，用以划分物种的濒危等级。

量物种正在遭遇灭绝性危机，制定保护政策的任务尤为迫切。IUCN 促使并帮助各国政府减少濒危物种的灭绝率。根据其编制的 2010 年濒危植物红色名录，在已调查的 12914 种[①]植物中，8724 种植物受到威胁，113 种植物已灭绝（其中，84 种彻底灭绝，29 种野外灭绝）；同年，IUCN 还发布了濒危动物红色名录，在已统计的 42989 种[②]动物中，9618 种动物正面临不同程度的危机（总共约有 4821 种动物"易危"，即短期内不会濒危；2857 种"濒危"，1940 种"极危"），741 种已灭绝（其中，707 种彻底灭绝，34 种野外灭绝）。自 1600 年[③]以来，平均每年灭绝 1.7 个动物物种，每五年灭绝 1 个植物物种。现在，物种灭绝的速度远远高于其自然灭绝的速度（现在的速度是自然灭绝速度的 1000 倍）。在接下来的几个世纪，

① IUCN 的分支机构之一世界保育监测中心，设在剑桥。据该机构估计，现存已知的动植物大约有 170 万种。从某种程度来看，这个数据只是生物多样性的冰山一角。一些学者估计地球现存的生物大约有 800 万种（其中，400 万种为昆虫类），甚至有人估计有 1500 万种。

② IUCN 编制的红色名录统计了 3269 种昆虫，专家们估计的已知昆虫种类约有 95 万种。同样，IUCN 统计了 2152 种甲壳动物，而动物学家估计的已知甲壳类有 4 万种。总体而言，生物学家统计的动物种类有 132 万种，其中，约有 108.5 万种是节肢动物。

③ IUCN 将 1600 年作为当代物种灭绝的起点时间，不再像针对史前物种灭绝那样区分气候原因和人为原因。从 17 世纪开始，从气候到人为因素，物种灭绝的原因都和今天一样。

这一速度也不会放缓。根据IUCN的这个红色名录，在已调查的5491种哺乳动物中，1131种正面临危机（包括493种"易危"，450种"濒危"，188种"极危"），78种已灭绝（其中，76种彻底灭绝，2种是野外灭绝）。从全新世开始，255种哺乳动物（本书将会提到其中5种水生哺乳动物[①]）和523种鸟类[②]已灭绝。

这些物种为什么会灭绝呢？一些物种的濒危和灭绝（例如猛犸象与斯特拉海牛的灭绝）很有可能与人类密切相关。这些物种原本就在走向灭绝，而人类活动加速了这一步伐。更新世的大部分陆上哺乳动物在第四纪就灭绝了，这是由两个因素所致：气候变暖和人类活动影响。

此外，我们了解到，地方特有物种十分脆弱，一旦它们的生活环境改变，它们就会面临危机。这就进入了一个恶性循环：这些动物的族群数量越少，它们就越容易陷入孤立隔绝的处境，就愈发容易濒危。在水生哺乳动物中，这种现象在淡水鲸类中体现得尤为明显。本书分析了8种鲸类，根据

---

① 在这之中，我没有包括北大西洋灰鲸，因为它是一种地理上的分类，而不是一个特定的物种，并且这种灰鲸现在仍生存在北太平洋中。

② 实际上，人们只能具体地统计哺乳动物和鸟类（以及某些植物）数量。客观而言，目前只有这两类动物的生存状况较好，不过人们还没有完全了解这两大类的所有物种。

IUCN 红色名录的标准，1 种现在已经灭绝，2 种“濒危”，2 种“易危”；另外 3 种由于目前缺乏数据，其数量和处境仍然不明。

白鳍豚的例子证明了人类活动对地区特有物种的影响，该物种可能本身就在自然灭绝，只是灭绝时间或长或短。实际上，在成为淡水动物之前，这种特殊江豚的直系祖先曾经生活在沿海（距今约 2000 万～1000 万年前），广泛分布在北太平洋。渐渐地，可能由于与其他鲸类的生存竞争，它们的数量减少，转而迁徙到北太平洋东部海域。随后逐渐转移到长江，成为当地特有物种，生存能力较弱，容易濒危。此后，由于被人肆意捕猎、江河污染、意外被捕捉等因素，白鳍豚的数量急剧减少，最终完全消失。该物种本身就脆弱，而人类给予了它们致命一击，加快了它们被自然淘汰的步伐。更有甚者，19 世纪末至 20 世纪，人类长期大肆捕杀南极海域的鲸类，而且令人叹惋的是，这种捕猎至今依然存在。

人类给自然造成威胁，这种威胁反之又围绕着人类，对此，我们很难不悲观。北大西洋的大西洋鳕鱼（Gadus morhua）逐渐消失在人们的视野中，加拿大和欧洲生物学家持续研究了它们十几年，得出体型较大的鳕鱼已不存在的结论。还有其他正走向灭绝的物种，这些物种遭到欧洲、加拿大、美国和亚洲渔民的大肆捕杀，金枪鱼就是其中一个典型的例子。同样地，在加拿大沿海的大西洋海域，人类也过度捕捞雪蟹（Chionoecetes opilio）。我们对它们了解多少呢？现有的资料也不足以说明它们的生存处境。人类开展大型商业化捕鱼活动，竭力攫取海洋资源，已经把贪欲伸向了海洋深处，可实际上，人类对这些物种的生物特征和数量却一无所知。人类会把事情弄得一发不可收拾吗？

遗憾的是，人类追逐利益，无暇顾及其他。然而，地球不只属于人类，人类只是地球和生态系统的一部分。伤害地球，就是在伤害人类自己，就是在威胁我们的生存。人类是否在拿世界的未来做赌注呢？结果会不会轮到人类赌上自己的未来？我们之所以能存在于地球上，首先不是得益于我们的智慧，而是得益于白垩纪晚期灭绝的恐龙。我们的生存与成功也许应归功于小行星的撞击和大型火山喷发事件。如果没有这颗地外小行星撞击墨西哥①，以及印度频繁的火山爆发，给地球带来了末日般的灾难，那么，鲨鱼也许就不会超过2米长，鲸类和海豚也许就不会出现，而我们也可能永远都是小小的鼩鼱了。我们只是地球生物进化中的一个渺小环节。

① 1990年，在墨西哥半岛的尤卡坦州，人们在一座约有6500万年历史的火山口发现了陨星遗留的痕迹。从火山口的海拔高度来看，当时的火山喷发产生了大量气体和火山灰尘，并诱发了气候的紊乱。

也许在未来，因为一些事物，我们会自然地消失，我们作为一种哺乳动物在地球的使命也会随之完成。然而，我们却在努力忘记我们的渺小。

本书讲述的海洋哺乳动物，它们是地球水域中主要的掠食者，因此通常处于食物链的顶端。一旦海洋环境的平衡被打破，它们将会面临食物匮乏、营养不良的危险，或是由于污染物进入食物链而产生中毒现象。一直以来，当人类给海洋造成任何不平衡现象时，鲸类都是其中的最大受害者。鲸类是濒危物种中的标志性代表。这是事实吗？长期以来，人类在世界各地捕猎鲸鱼，疯狂地捕杀其中一些种类，导致鲸类几乎就要灭绝。尤其是在南极海域，它们就要加入渡渡鸟和斑驴①的灭绝动物名录了。当然，不是所有的海洋哺乳动物都面临相同的情况：捕杀鲸类只是其中的一方面。20 世纪 70 年代以来，座头鲸、长须鲸和灰鲸因为受到保护，其数量在慢慢恢复。在 14 种须鲸中，有 4 种“数据缺乏”，5 种“无危”，还有 5 种“濒危”（塞鲸、蓝鲸、长须鲸、黑露脊鲸和北太平洋露脊鲸）。

---

① 渡渡鸟，又称愚鸠，是一种大型鸟类，不会飞，曾生活在毛里求斯岛上，由于 17 世纪一些航海者的到来而灭绝。斑驴是非洲南部的一种斑马，1878 年，最后一只野生斑驴被人捕杀；1883 年，最后一只雌斑驴死在阿姆斯特丹动物园中。

新的危机不仅威胁着鲸类，也威胁着一些海豚、海豹和海牛。2011年，野生动物保护协会发起了一项调查，其负责人是美国动物学家马丁·罗巴尔和加拿大鲸类学家兰达尔·里夫。他们近期的研究结果揭示，自1990年以来，世界上有114个国家的人们在捕猎87种海洋哺乳动物（鲸类、鳍足类、海牛、北极熊），并且这种捕猎毫无节制。他们研究了900多份不同来源的资料，访谈了大量专家和环境管理者，完成了这项历史性的研究。他们指出，从1970年以来，人类对小型鲸类的捕杀数量在不断增加，尽管其中有许多鲸类是因误入渔网而被意外捕获。在食物缺乏的地区和贫困地区，人类常常把这种猎物当作盘中餐，而且在食物紧缺的地区，这种情况愈演愈烈。在这些特殊的贫困地区，研究者们担忧地发现，当地人甚至会捕食海豚（包括所有种类），且捕食数量仍在增加。这项研究的结论警示人们，捕杀海洋哺乳动物将会敲响一些濒危动物的丧钟，主要是印太洋驼海豚（Sousa chinensis）、贝加尔海豹（Phoca sibirica）和北极熊（Ursus maritimus）。

导致一些海洋哺乳动物数量减少，甚至一些种类灭绝的其他因素还有：非法贩卖海洋动物、气候变暖、人口增长和城市化等。

2010年，IUCN编制了一份名录，其中，世界上的5491

种哺乳动物中，海洋哺乳动物占了2.35%。鲸类是其中的主要代表，有87种[①]（占世界哺乳动物的1.58%）。世界上近危和易危的哺乳动物中，2.35%是海洋哺乳动物。总体上，5种海洋哺乳动物近危，12种易危，13种濒危，3种极危，还有5种已经灭绝。

20世纪七八十年代，一些环保团体致力于保护格陵兰海豹（Pagophilus groenlandicus）。他们通过媒体发起运动，宣传了各种信息，极力号召人们停止捕猎格陵兰海豹，并引导人们关注这种北极海豹的生存状况。但宣传信息中有一些是错误的，格陵兰海豹曾经常被认为是濒危动物，而实际上，它是地球上数量最多的哺乳动物之一。同一时期，白鳍豚、地中海僧海豹、加湾鼠海豚和北大西洋露脊鲸就没那么幸运了。它们被人冷落，其数量在这一时期急剧减少。在土耳其和希腊海域，地中海僧海豹越来越稀少；科学家们无法确认加湾鼠海豚的数量和生存状态，只知道它们和白鳍豚一样，在逐渐消失；至于北大西洋露脊鲸，它们如今的数量只有300头，甚至更少！

① 在本书的写作过程中（2010—2012），人们发现了第88个鲸目品种：澳大利亚宽吻海豚（Tursiops australis），也称布鲁曼海豚。发现者为查尔顿·罗伯、格什温、汤普森、奥斯汀、欧文和麦克奇尼。

在本书中，我将会介绍我与这些庞大的海洋动物们相处的经历。它们种类丰富，富有迷人的吸引力。在描述它们的种类和历史时，我也会讲述它们面临的威胁——因为这些威胁，其中一些物种灭绝，另一些物种则陷入濒危境地。我将剖析人们错误的捕猎观念，这种观念至今仍在腐蚀着人们的思想。因此，本书介绍了海洋生命大群体的一个部分，通过严谨的研究方法，我会展现生机勃勃的大自然对人的吸引力。通过本书的分析，我希望我们能在保护自然、保护人类生存环境的道路上更进一步，使自然资源不再继续枯竭，使我们的生活环境更加美好。

第1章
一些鲜为人知的海洋哺乳动物

海洋世界不只是鱼类的天下，还包括其他种类的生物，例如甲壳类、软体动物、无脊椎动物、爬行类，以及哺乳动物。哺乳动物在海洋中数量较少，在生物进化的过程中，海洋哺乳动物直到很晚才统治了海洋世界，就好像它们在耐心等待着一个占领海洋的时机。在开篇部分，我们会给出一个海洋哺乳动物的概览，讲述它们古老的起源、丰富的种类以及给它们分类的困难。

哺乳动物最早起源于2.25亿年前（三叠纪晚期）。在整个中生代，爬虫类和恐龙遍布地球各处，并占据着统治地位。相较而言，早期的哺乳动物体型小，力量较弱，因此，它们避开爬虫类和恐龙，悄悄地进化着。在中国辽宁省白垩纪早期义县组下部地层，人们发现了形如鼩鼱的攀援始祖兽（Eomaia scansoria）化石，这是目前已知最早的胎生哺乳动物[1]化石，其地质年代为距今1.25亿年，而最早的有袋类哺乳动物——沙氏中国袋兽（Sinodelphys szalayi），也生活在这一时期。这些早期哺乳动物虽然生活在恐龙的阴影下，但它们的数量非常丰富。其中，一些哺乳动物为适应自身环境而分化，进化出特定的性状以适应生存需要。有的猎食小型的恐龙，以食肉为生。例如，人们曾经在强壮爬兽（Repenomamus robustus）的胃中发现了小鹦鹉嘴龙（Psittacosaurus）的化石。至于另一种早期哺乳动物——獭形狸尾兽[2]（Castorocauda lutrasimilis），则已经开始在水中生活了。这种哺乳动物生活在距今1.64亿年前的侏罗纪时期，体长40多厘米，外表既像海狸又像鸭嘴兽，生活在湖泊、河流和其他水域中。作为早期的哺乳动物，它的构造十分特别：尾巴与海狸相似，身体如同水獭一般修长，脚掌像鸭嘴兽，掌间带蹼且适于掘土。据此，我们认为，这种非常特殊的动物可能是海洋哺乳动物的祖先。在距今6500

---

① 根据胎盘种类的不同，哺乳动物可分为三种：原兽亚纲（胎盘发育不成熟，属于单孔目动物，如针鼹和鸭嘴兽）、后兽次亚纲或有袋类（它们会将尚未发育好的胎儿放在育儿袋中，如袋鼠和树袋熊等）、真兽亚纲或有胎盘哺乳类（具有成熟的胎盘，种类不同，发达程度不同，主要作用是养育胎儿，包括人类在内的其他哺乳动物都属于此类）。

② 獭形狸尾兽是柱齿兽目，是一种形如哺乳动物的爬行动物，不是严格意义上的哺乳动物。然而，它在哺乳动物研究中的地位举足轻重。

万年的白垩纪晚期，地球遭受了一次重大的生物灭绝事件，即白垩纪－第三纪灭绝事件，地球上包括恐龙在内的65%~70%的生物就此绝迹。哺乳动物同样遭遇了危机，但程度较轻，死亡损失相对较少，成为这次灭绝事件的最大受益者。它们度过了这场危机，并在随后占领了由恐龙等爬行动物退出的生态环境，迅速进化发展为地球上新的统治者。它们在自然界迅速繁殖，占领了陆地、天空和海洋。在生物进化史上，大规模的灭绝事件一向起着十分重要的作用，其后往往伴随着大量新物种的出现，其中一部分便是成功度过危机的物种，例如在这次灭绝事件中受益的胎生哺乳动物。恐龙统治的地球成了空巢，胎生哺乳动物取而代之，它们的后裔在古新世（约公元前5500万年）大量繁殖。这些哺乳动物体型较小，其中的啮齿类种类繁多。古新世晚期，许多哺乳动物逐渐灭绝，存活最长的则度过了始新世（公元前5500万年）。大多数现今的胎生哺乳动物即起源于这一时期。一些哺乳动物重回水中，开始占领海洋，它们分化出了今天的海洋哺乳动物，如鲸类、海牛类、鳍足类、熊类等。2011年4月，我遇到过一些鲸类，它们的陆上祖先就起源于此。

四"鳍"海豚

2011年4月17日，周日。在日本和歌山县的纪伊胜浦火车站，我刚下火车，太地町的档案员樱井速人就驾车来接我，并将我带到了日本鲸种最完全的博物馆之一——太地町鲸博物馆。在这里，我见到了林克树馆长和首席海豚驯兽师桐畑哲雄。我此行的目标是一只名为春香的阪东海豚（Tursiops truncatus，大海豚或宽吻海豚），它是一只不可思议的雌海豚。在馆长办公室讨论了十几分钟后，我们走出了博物馆。我们沿着一个封闭的潟湖边缘行走，湖里有许多种海豚（宽吻海豚、黑圆头鲸、伪虎鲸和瑞氏海豚），来到了一个水族馆。我们走进一个聚丙烯制的水下隧道中，周围有四只宽吻海豚，其中一只便是春香。虽然几周之前刚发生了福岛核电站事故，但春香看起来很平静，它朝我慢慢游来，并停在了我头顶上方，趴在隧道的外壁上。

众所周知，海豚有四个鳍，一个背鳍、一个尾鳍和两个胸鳍。而 11 岁的雌海豚春香却多出了两只鳍，像腹部生了一对翅膀（见图 1）。2006 年春天，它被太地町海边的日本渔民捕获，送到了太地町海豚养殖场。从前，生物学家们已经记录过一些类似的非正常形态的海豚和鲸类，但没有一只的异态达到了这种程度。春香多出来的两只“臀鳍”大小近似于人的手掌。这一对多出的鳍很像中生代的一些海栖爬行动物（例如鱼龙）的鳍。日本专家们认为，这种多出来的对称鳍是返祖现象。实际上，在古生物学中，从遥远的古代来看，海豚和鲸类有共同的祖先，即一种陆地四足哺乳动物，这种动物生活在距今约 5000 万年前。随后，它们逐渐

图1 日本太地町鲸博物馆的雌海豚春香（其肛门附近多了两个鳍）

向现在的形态衍变，约在3500万年前，最原始的鲸类（古代鲸鱼）的后肢逐渐退化，适应了水中的生活。这种后肢可能衍变成了“臀鳍”并在之后完全消失，使其进化成了有牙齿和鲸须的鲸类（约3000万~2300万年前）。准确地说，其后肢是近乎完全消失。在胚胎发育时期，有些鲸豚类可能会出现这种返祖现象。在海豚胚胎发育的第一阶段，它们的后肢会形成，随后又完全消失，留出空间以使盆骨（腹部骨骼）发育。春香多出来的这对鳍可能是基因突变，使它的身体出现了先祖鲸类的特征。这种变异的现象十分罕见，虽然一些动物在胚胎期也会出现，例如座头鲸（Megaptera novaeangliae）、多尔鼠海豚（Phocoenoides dalli）、大西洋斑纹海豚（Lagenorhynchus acutus）；还有一些动物在成年期会出现，例如抹香鲸（Physeter macrocephalus）、短吻真海豚（Delphinus delphis）和条纹原海豚（Stenella coeruleoalba），但它们变异的形态只是雏形，并不像春香这样发育成熟。在文艺复兴时期，欧洲发现了一头搁浅的（也可能是被捕获的）黑圆头鲸（Globicephala melas），这头鲸和春香一样，也有一对多出的鳍。春香是非常特别的案例，日本东京鲸类研究所的藤原大隅教授对它十分感兴趣。实际上，研究者们对春香进行了X光检查，以研究它的臀鳍和骨盆连接点。这个还未发表的结果十分令人惊讶：臀鳍与骨盆的接合处的确有骨骼。

春香的一对“后肢”使人追溯到了鲸豚类的祖先，它们的先祖曾是四足动物，也就是陆上哺乳动物。在科学的进程中，这一观点曾历经许久才得到承认。

海洋哺乳动物分类史

事实上，在过去，由于外形特点，鲸曾长期被当作巨型鱼类。然而，从古代起，以哲学家为代表的一些人曾猜测，海豚和鲸实际上并不是鱼类。亚里士多德曾经在他的《动物史》（*Historia animalium*）一书中提到鲸（Phalaina），遗憾的是，这本书现存的只有一些复印本。在书中，他将动物分为“有血”和“无血”两大类，并把大量动物大致上分成了哺乳动物、四足动物、鸟类、昆虫、甲壳类、鱼类、贝壳类、头足动物和鲸类。他还将海洋生物分成了鱼类、类鱼海洋生物（他称其为 ichtyes[①])、鲸、海豚和鼠海豚（他称其为 kètè，意为“大型鱼类”）。按照他的这种分类，后人创立了“鲸目”这一名词，包括哺乳动物中的海豚和鲸类。因此，早在古代，亚里士多德就已经对鲸类在动物分类中的地位提出了疑问。四个世纪后，老普林尼则将所有水生动物都归为“鱼类”。

直到 16 世纪，人们才真正意识到鲸目动物与鱼类并无关联。文艺复兴时期，纪尧姆·龙德莱研究多种学科，其中之一便是海洋生物学。他更新了当时的研究方法，使该领域的学科思想更为自由。1554 年，他用拉丁语发表了关于海洋动物的著作，在一定程度上，为当时的海洋生物分类做出了里程碑式的贡献。1558 年，这本书由里昂的马修·博诺姆出版社译成了法文，题名为《鱼类通史》，2002 年又以影印本的形式再版[②]。在书中，他将海豚、鼠海豚、虎鲸、露脊鲸、座头

---

① ichtyes在希腊语中意为“双鱼座”，传说来源于女神阿芙罗狄忒与她的爱子埃罗斯在逃亡时化身成的两只鱼。这里意指外形像鱼，但实际上并非鱼类的生物。——译者注

②《鱼类通史》(*L'Histoire entière des poissons*)由弗朗索瓦·默尼耶(François Meunier）和让-卢德翁特（Jean-Loup d'Hondt）作序，于 2002 年再版于巴黎，该版本是 18 世纪版本的法文译本。这本书原版为拉丁语，由 1554 年出版的《海洋鱼类中真正的鱼》(*De piscibus marinis in quibus verae piscium effigies expressae sunt*）和 1555 年出版的《部分水中生物历史》(*Universae aquatilium historiae pars altera, cum verisipsorum imaginibus*）组成。

鲸（一种鳁鲸）以及可能是抹香鲸的鲸类归为鲸目动物。同时，他还描述了两种海豹："地中海海牛"（地中海僧海豹）和"大洋海牛"（港海豹）。后来，龙德莱将鲸目和鳍足目动物正式引入了动物学分类中。

1640年左右，冰岛人古德蒙森发表了关于冰岛自然历史的著作《一个岛屿的自然史》（*Um Islands adskiljanleger nàttùrur*）。在书中，他描述了许多不同的鲸类。从1613年夏季开始，他跟随一些巴斯克（法国和西班牙交界处）捕鲸者到了斯坦格林姆斯峡湾、雷克雅峡湾和冰岛其他的一些海湾，捕鲸者在这些海湾捕捉大型鲸类。他的这本专论十分珍贵，现在只有部分内容遗留，并藏于雷克雅未克图书馆中。古德蒙森在书中描述了11种鲸，其中5种可以与现在的鲸类对应：一角鲸、黑露脊鲸、座头鲸、蓝鲸和小须鲸。1551年，法国科学家皮埃尔·贝隆·迪芒将鲸归为"有肺鱼类"。

随着启蒙时代的到来，卡尔·林奈的卓越贡献促进了生物学的迅速发展。这位伟大的瑞典植物学家先后完成了植物学和动物学分类著作，同时，他认为自然是神圣的产物。在《自然系统》（*Systema naturae*）的后续版本中，他将动植物（主要是欧洲动植物）按照种、属、科，甚至是纲分类。在1735年的第1版中，他把鲸归为鱼类，海豹归为四足动物。直到第10版（1758年出版于斯德哥尔摩），他才最终将鲸归为哺乳动物。他在书中描述了抹香鲸、鼠海豚、短吻真海豚、虎鲸、一角鲸、长须鲸、蓝鲸和格陵兰露脊鲸等，并将它们归为鲸类。1762 年，法国动物学家马蒂兰·雅克·布里松[①]创立了“鲸目”这一分类。

18 世纪，法语逐渐成为科学界的官方语言和国际性语言。在这个时代，一位伟大的林奈式的法国学者凸显了出来：博物学家和作家乔治·路易·勒克莱尔·德·布丰[②]。他决定续作林奈的《自然系统》，更新并补充这本著作。他投身于自然科学的研究，完成了巨著《自然史》(*Histoire naturelle*)。布丰在规划作品大纲时，没有预料到这本书的规模如此巨大。他曾预计是 15 卷，但在他去世时，第 35 卷正在出版，第 36 卷也即将出版。然而，在全书大纲中，布丰只详细论述到一个部分，即人类、四足动物（陆上哺乳动物）、鸟类、地球矿物及原理。在四足动物部分，布丰描述了秘鲁水獭、北极熊以及 10 种鳍足类动物[③]和 4 种海牛[④]。

---

① 马蒂兰·雅克·布里松(Mathurin Jacques Brisson)是一位伟大的鸟类学家。1760 年至 1763 年，他著成了 6 卷本《鸟类学》(*Ornithologie*)。

② 1739年，布丰(Georges Louis Leclerc de Buffon)成为皇家园林主管，这座园林后来成为法国国家自然历史博物馆的植物园部分。

③ 这10种鳍足类动物，包括格陵兰海豹、冠海豹、白腹海豹(地中海僧海豹)、皱鼻大海豹（可能是象海豹)、涅伊特海豹（可能是环斑海豹)、堪察加湖海豹、加菲吉亚克海豹（根据原书的注解图，无法判断后两种海豹的种类)、港海豹、海熊（加州海狮）和海狮（北海狮)。

④ 这4种海牛，包括勘察加大海牛(斯特拉海牛)、安的列斯大海牛、美洲小海牛和塞内加尔小海牛。

19世纪：科学描述的黄金时期

1804年，法国动物学家贝尔纳·拉塞佩德[①]再版了布丰已出版的36卷《自然史》，又亲自撰写了《鱼类史》（*Histoire naturelle des poissons*）和《爬虫类自然史》（*Histoire naturelle des reptiles*），以及鲸类学研究的权威著作《鲸类自然史》（*Histoire naturelle des cétacés*）。在最后一本书中，他总结了18世纪末的哺乳动物知识，是第一个区分鳁鲸属（Balaenoptera）和露脊鲸属（Balaena）的博物学家。他还描述了34种鲸类，其中包括4种露脊鲸、4种鳁鲸、1种喙鲸[②]、3种一角鲸、2种白鲸、8种抹香鲸、1种瓶鼻鲸和11种海豚。

1817年，解剖学家乔治·居维叶出版了《动物王国——从其组织看分布》（*Règne animal distribué d'après son organisation pour servir de base à l'histoire naturelle des animaux et d'introduction à l'anatomie comparée*）一书，他在书中也对海洋哺乳动物大家族做出了分类。他描述了13种"普通鲸类"、3种"植食鲸类"（即海牛）、8种鳍足类、海獭类以及北极熊。

---

① 贝尔纳·拉塞佩德（Bernard de Lacépède，1756—1825），法国解剖学家，巴黎国家自然历史博物馆最早的馆长之一，但后来放弃了科研工作，投身政治领域，成为法兰西第一帝国时期元老院的院长。

② 喙鲸的原文anarnaq，是格陵兰的因纽特人使用的名称，意为北瓶鼻鲸（Hyperoodon ampullatus）。

1836年，他的弟弟弗列德利克·居维叶也出版了一本论著。这本书更加全面地主要讲述鲸类，《鲸类自然史或鲸类自然史考证集》（*De l'histoire naturelle des cétacés ou recueil et examen des faits dont se compose l'histoire naturelle de ces animaux*）。这本书描述了5种海牛，他将其归为“植食鲸类”，此外，还描述了64种鲸类。

鲸类——海中的河马

如今，林奈的分类法已不再使用，由种系分类学取而代之。这种新的分类主要是由分子基因的数据决定的。根据这种分类学，鲸类属于鲸偶蹄目的群体（演化支），这一演化支也包括偶蹄亚目（有复数蹄的哺乳动物，例如奶牛）。更令人惊奇的是，分子学研究显示，尽管河马在外形上更像偶蹄类的哺乳动物（例如猪，以及牛马等反刍动物），但它们其实与鲸和海豚是近亲。2000年左右，一项关于距骨的化石研究就证明了鲸目与偶蹄亚目动物的关系。河马、猪、鹿、奶牛、羚羊、长颈鹿和骆驼的踝部，都具有这种骨骼。但是，由于现在的鲸类已经没有后肢了，人们很难找到鲸类与偶蹄亚目动物的关系，并且由于距骨小而脆弱，古生物学者曾经对它们不感兴趣。直到有一天，人们在埃及发现了一具保存完好的龙王鲸骨骼化石，这具骨化石有后肢，当然，也有很小的距骨。人们还从其他种类的四足鲸化石研究中发现，它们也有这种距骨，结论便产生了：鲸目和偶蹄亚目同属于一个族群，即鲸偶蹄目。由此，鲸目动物分成目前的两大亚目：齿鲸亚目（命名人：弗拉瓦，1867）和须鲸亚目（命名人：科佩，1891）。同时，还有第三种现在已绝种的亚目：古鲸亚目（命名人：弗拉瓦，1883）。

最早的鲸类生活在陆地上，且有四肢。现在，巴基斯坦保存有接合起来的古鲸化石骨架。在这些化石中，最古老的是巴基鲸（距今约 5200 万年），它的名字意为“巴基斯坦鲸”。这是一种体长 1.75 米的四足动物，其发达的四肢适合奔跑。30 多年前，印度地质学家阿朗加 · 拉奥在克什米尔发现了一种名为印多霍斯（见图 2）的动物化石。2007 年，在这位已故地质学家的收藏品中，美国俄亥俄大学的古生物学家汉斯 · 史文森发现了这种奇怪的哺乳动物化石。这种动物生存的时代比巴基鲸要晚（距今约 4800 万年），其骨骼化石也很

图 2　印多霍斯

特别。印多霍斯是一种半水栖的偶蹄亚目动物——从基因上看，它与鲸相似，和巴基鲸是近亲。印多霍斯可能直接或间接地是鲸类祖先的后代之一，它的发现弥补了陆栖动物和半水栖动物之间曾经“缺失的环节”。

不管这些古老的动物实质上属于哪种动物，它们都具有两栖的生活习性，像河马一样每天在陆地上度过部分时间，但大部分时间都待在水中。几百万年后，这些四足的古鲸为了避难而逃到了水中。随后，它们的形体逐渐发生了变化。吻部的鼻孔转移到了头颅顶端，头部和整个身体变长，前后肢变短，后肢退化直至消失，前肢则变成了鳍。4000 万年前的始新世中，有两种古鲸目动物占据着海洋，即原鲸科和龙王鲸科，后一种由于龙王鲸（又名械齿鲸，见图 3）而更为人所知。这些古老的海洋哺乳动物身体十分灵活，它们的体型与其说是纺锤般的梭形，不如说是体型修长。它们有完整的后肢，

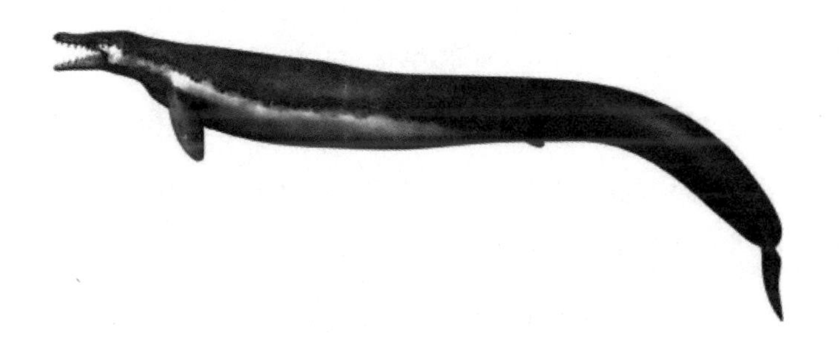

图 3　械齿鲸

但已经退化。始新世中期，械齿鲸灭绝，而现代鲸类的直接祖先——齿鲸和须鲸出现了。齿鲸类有牙齿；须鲸类没有牙齿，但有鲸须。这两种鲸根据各自不同的食性，逐渐进化着。至于古鲸亚目动物，则在距今3300万年的始新世晚期彻底绝种。

由于古生物学发展尚不成熟，古鲸如何进化成齿鲸和须鲸，以及它们何时进化出了“现代”鲸类（约3900万~2900万年前）的特征，至今依然难以获悉。

现今的各种鲸类

在所有哺乳动物的进化过程中，鲸目和翼手目动物（例如蝙蝠）的身体结构和生理特征发生的改变最大。鲸类的这种改变使它们能完美地适应水中生活。鱼类出现在距今约4亿年前，而鲸类则出现在大约5200万年前。从地质学上看，鲸类比鱼类出现得晚，但却比鱼类更适应海洋生活，能力也更优秀。它们的身体呈流线型，十分灵活，鼻孔在进化中逐渐转移到了头颅顶部。它们通过超声波或声呐系统（主要是齿鲸）来定位，因此它们的交流方式十分发达。它们的前肢变成游泳的鳍，后肢消失，身体尾部则进化出了尾鳍。至于陆上哺乳动物普遍拥有的毛发（鲸类祖先也有毛发），鲸类在进化后就完全消失了，只留下了一些绒毛（或须）。它们皮肤光滑，通过表皮下的脂肪层来抵御水温的降低（在水中，温度降低的速率是空气的25倍），一些鲸类的脂肪层甚至厚达

50 厘米。鲸类完全生活在水中，从出生到死亡，一生从不离开水。鲸类有两个肺，它们必须浮到水面上呼吸。但是，对于鲸类而言，呼吸空气并不是一项缺陷。相比其他鲸类（例如鳁鲸），以深海生物为食的鲸类（例如抹香鲸和喙鲸）在水中待的时间更长。抹香鲸（Physeter macrocephalus）和北瓶鼻鲸（Hyperoodon ampullatus）可以在水中持续待两小时而不呼吸。每次呼吸，陆上哺乳动物会更新肺部 10%～20%的气体，而鲸类则可以更新 80%～90%的肺部气体。

在海中潜行时，鲸类会节省氧气，只将氧气输送给体内的重要器官（例如大脑、肌肉和心脏）。鲸类通过 1 个或 2 个呼吸孔（齿鲸有 1 个，须鲸有 2 个）来呼吸。鲸的呼吸孔位于头顶，且带有活瓣，只有在呼吸时，活瓣才会在两片肌肉的作用下打开。当鲸浮出水面时，它会排出肺部的空气（或者说是二氧化碳气体）。第一次出水时，鲸的呼气过程十分剧烈，它们呼出的气体会在空气中冷却凝结，从而形成一股"水蒸汽"。根据这种呼气的水柱，人们可以在很远的地方发现鲸类，甚至识别出它们的种类。在潜入水中之前，鲸会呼吸许多次。一旦肺部储满新鲜空气，鲸就会在这次呼吸后开始长时间的屏气潜水。

总体来看，现存的鲸类有 87 种（一些专家认为有 88 种）。其中，73 种为齿鲸，14 种为须鲸。

齿鲸亚目（有齿鲸类）

齿鲸类有许多共同的结构特征：它们有 1 个呼吸孔，胸部的鳍状肢上有 5 指，胸骨较大，骨骼结构完整，雄鲸的胸骨通常比雌鲸大。除了抹香鲸之外，齿鲸的体型一般比须鲸小。相对而言，齿鲸的猎物比须鲸的猎物大。小到鱼类，大到鲸类（虎鲸有时以其他鲸类为食），都是它们的猎食对象。它们不咀嚼食物，而是将其整个吞下，其肌肉发达的前胃会磨碎食物。一些齿鲸（例如海豚和鼠海豚）以鱼为主食，另一些齿鲸（例如抹香鲸、喙鲸和某些海豚）则以头足动物为主食。总之，同一种群或同一地区的鲸类，食物不尽相同，完全取决于当地食物的数量是否丰富。例如，在加拿大的英属哥伦比亚地区，一些虎鲸群只吃鲑鱼，而在其他地方，它们会吃鱿鱼（北太平洋地区）或海洋哺乳动物（南极和美国加利福尼亚地区）。

1. 抹香鲸：头部呈方形，有两种大类。体型大的称为巨抹香鲸（Physeter macrocephalus），体型小的有两种抹香鲸（小抹香鲸和拟小抹香鲸）。抹香鲸是齿鲸中体型最大的种类，主要以头足动物为食。

2. 喙鲸科：有 20 多个种类，是鲸类中最神秘的种类之一。一方面是由于它们的身体构造特殊，另一方面是由于人们对其生活习性缺乏了解。它们的“有喙须鲸”这一称呼实际上并不正确，因为它们不是须鲸类，而是体型巨大的“海豚”。须鲸有鲸须，而喙鲸没有，它们只有体型相似：大部分喙鲸体长超过 6 米，有的体长会达到 13 米。它们的“喙鲸”这一名称得名于很长的吻部。

3. 一角鲸科：包括一角鲸和白鲸。这种鲸主要分布在极地海域，生活在亚北极和北极区域的海洋中。

4. 海豚科：包括海豚类。这种鲸目动物身体呈纺锤形，有明显的吻部，镰状的背鳍位于身体中间。海豚科包含 36 种海豚（一些专家认为有 37 种）和澳大利亚宽吻海豚（又名布鲁曼海豚）。海豚在世界上分布广泛，其中一些种类，例如宽吻海豚（Tursiops truncatus）和虎鲸（Orcinus orca），分布在地球上的所有海域中；另一些种类则只分布在寒冷的水域。

5. 鼠海豚科：包括 7 种鼠海豚。这种身体粗壮的海豚与普通海豚不同，它们的吻部不突出，背鳍很小，呈三角形，体型较小，不超过 2.5 米，头部为圆形。很多人容易将海豚和鼠海豚弄混淆，但它们各自的形态是不同的。然而，这两种鲸目动物都属于齿鲸亚目，有类似的生物学特征。

6. 淡水海豚：数量较少，有四种大类，每一类都是一个单独的品种。大多数淡水海豚都生活在江河中，只分布在南美洲（亚马孙河、奥里诺科河和拉普拉塔河）和亚洲（长江、恒河和印度河）的江河及其支流中。它们的形态和海洋中的海豚（海豚科）不同，比较古老：身体修长，略微粗壮，吻部很长。所有淡水海豚如今都濒临灭绝，每一种都是科学研究的对象。

须鲸亚目（有须鲸类）

须鲸和鳁鲸是须鲸亚目（mysticètes[①]）的一部分。这种海洋哺乳动物体型庞大，一些须鲸是地球上现存的最大的动物。它们有许多共同的身体构造特点。首先，它们没有牙齿（只在胚胎发育时有退化的牙齿），取而代之的是灵活的丝状鲸须板（由角质构成），这种被称为鲸须的角质须只长在上颌。须鲸和鳁鲸有 140～480 对鲸须，这些鲸须两两之间相隔 5～10 毫米。最短的鲸须位于上颌前方边缘处，最长的鲸须则位于上颌后方。鲸须相互交织，形成一个高效的滤网。须鲸进食时，可以通过鲸须将水排出，把鱼类和甲壳动物留在口中。庞大的须鲸以小型海洋生物为食，它们进食时会吞下大量微小的生物，以满足其巨大的食量并维持庞大的体重。它们只捕食成群结队的活鱼群，一方面便于进食，另一方面可以节约它们为捕食所消耗的能量。另外，与齿鲸不同的是，须鲸有两个呼吸孔，且头颅上部向外突出。它们的胸骨很小，胸廓发

① 法语 mysticètes，源自希腊语，其中的 mustax 意为“须”，ketos 意为“鲸”。

育不完全，雌鲸体型比雄鲸稍大。

1. 露脊鲸科：须鲸分为四大种，其中之一就是露脊鲸科。这其中又包含“真露脊鲸”，又称露脊鲸。它们的法语俗名 baleines franches 中的 franche（即西班牙语的 franca，英语的 right）一词来源于法国和西班牙的巴斯克捕鲸人，以及后来的英国和美国水手。这是因为在帆船时代，他们认为捕猎露脊鲸较容易，而且“很好”（bonne），于是将露脊鲸视为最好的捕猎目标。露脊鲸的体型普遍很庞大，喉咙下方无腹沟，没有背鳍。

2. 小露脊鲸科：小露脊鲸科的唯一成员是小露脊鲸（Caperea marginata）。它们体长 4~6 米，是须鲸中体型最小的种类。这种鲸很少被人观察到，不是因为它们数量稀少，而是因为它们生活在深海中。它们体型小，游泳速度快，因此十分神秘。

3. 灰鲸科：灰鲸科的唯一成员也是灰鲸（Eschrichtius robustus）。尽管它们的身体不如鳁鲸修长，也不如露脊鲸强壮，但它们体型巨大，行动灵活。灰鲸无背鳍，但脊背上有一些驼峰状的突起。

4. 鳁鲸科：鳁鲸科是须鲸中的最后一种，同时也是最大的一种，其成员有鳁鲸。与其他鲸类不同的是，鳁鲸的下颌到脐点之间有许多腹沟，背鳍为镰状，巨大而扁平的头部呈三角形，比较细长，头部长度占体长的四分之一。通常，鳁鲸体型巨大，身体为纺锤形，动作灵活，游泳速度快。鳁鲸科是地球上现存最大的物种，现在已知的有 8 个种类。

海牛目

“昨天，舰队司令看见了 3 只美人鱼，据他说，美人鱼直立在水中，身体大部分露出了水面，但她们并不像人们描述的那样美丽：从某种程度上而言，它们的脸有些像人类。他说他还在人们收获天堂椒的几内亚湾沿岸见过美人鱼。”这一片段出自西班牙多明我会教士巴托洛梅 · 德 · 拉斯 · 卡萨斯之手，节选自他的著作《印第安人历史》[①]。

那么，1492 年，在亚热带海域的西印度群岛，舰队司令克里斯托弗 · 哥伦布遇见的这些神秘的美人鱼究竟是什么呢？她们有人一般的头部和鱼类的身体吗？可以肯定的是，它们是海洋哺乳动物，也许是加勒比僧海豹，也许是海牛。1881 年，海牛被归入海牛目动物中，“海牛目”一词则由美人鱼而来[②]。

---

① 巴托洛梅 · 德 · 拉斯 · 卡萨斯（Bartolomé de Las Casas）：《印第安人历史》（*Historia de las Indias*），塞伊出版社（Le Seuil），2002 年。

② 法语的“海牛目”（siréniens）与“美人鱼”（sirènes）相似，前者由后者化用而来。——译者注

海牛目动物与非洲和亚洲象[1]联系密切，尽管它们的外表并不像。海牛目动物是海洋哺乳动物中性格最温和的，它们唯一的敌人就是人类。它们巨大的身体呈鱼形，尾部扁平，略呈圆形，有的尾巴分岔，前肢呈桨状鳍肢，这些特征使海牛目动物看起来像鲸和海豹的结合体。然而，科学地说，海牛目动物与它们并无亲族联系。它们最直接的近亲是象，远亲则是非洲一种体形像猫的陆上哺乳动物——蹄兔[2]。长期以来有一种假说，在始新世气候相对较热的时期，有一种两栖的四足哺乳动物（早期象的近亲），这种动物可能是海牛目的祖先。它们以大叶藻为食，而这些大叶藻则密集地生长在大西洋西部和加勒比海的热带浅水海域。20 世纪 90 年代末，牙买加出土了一具完整的四足海牛类化石骨架（出土于 7 条河流附近），证实了这种假说。2001 年，美国海牛化石专家达里尔·多米尼为它取名 Pezosiren portelli，意为“会走的海牛”。该始新世（约 5000 万年前）特殊生物的发现，弥补了陆地到

---

① 非洲和亚洲象包括三种：普通非洲象（Loxodonta africana）、非洲森林象（Loxodonta cyclotis）和亚洲象（Elephas maximus）。

② 蹄兔有 6 种，属蹄兔目，蹄兔科，全部生活在非洲和中东地区：南非树蹄兔（Dendrohyrax arboreus）、西非树蹄兔（Dendrohyrax dorsalis）、东非树蹄兔（Dendrohyrax validus）、阿山蹄兔（Heterohyrax antineae）、黄斑蹄兔（Heterohyrax brucei）、查氏蹄兔（Heterohyrax syriacus）以及人们最熟悉的蹄兔（Procavia capensis）。

海洋生物进化曾经“缺失的一环”。它的外表很像海牛和儒艮，不同之处在于它有四肢，而海牛和儒艮只有前鳍，没有后肢。但这种“四足海牛”并不只是生活在水中，它可能像河马一样，能在陆地上行走，但大部分时间待在水中，用四肢游泳或在水底行走。毫无疑问，它的头部类似海牛目动物，且与海牛的头部一样。到了渐新世（约 3800 万~2600 万年前），气候逐渐变冷，植物丛萎缩。到中新世时（约 2600 万~700 万年前），由于该地质时期很适合淡水植物生长，因而在南美洲河流沿岸，丰富的营养物质使植物密集丛生，海牛就出现于这一时期。从身体构造上看，海牛类和象的关系显而易见。它们胸前有两个乳房，心脏结构相同，它们的牙齿也有许多相似之处。在这一时期，南美洲河流中的水藻与大叶藻不同，这些水藻中含有硅，会使草食动物的牙齿过早地磨损脱落。海牛适应了这一现象。和象一样，它们的臼齿磨损脱落后，会终生生长出新的牙齿。人们通过分子数据研究，证实了海牛类、象类和蹄兔类的关系。从此，海牛不再是奇蹄类的成员（林奈将其归为奇蹄类）。根据新的种系分类法，它们被归为近蹄类（Paenungulata）。

也就是说，古代的海员曾经把海牛误认成了美人鱼！漫长而没有女人的航行滋生了海员们的幻想，使他们想象力泛滥。克里斯托弗 · 哥伦布很可能是第一个在加勒比海看到海牛的西方探险家，从他的旅行札记中看出，他很失望："在西班牙岛沿岸港湾，我远远地看见了3只美人鱼，长相就和老贺拉斯一样。"显然，这位热那亚探险家的头脑很清楚，从许多资料中都可以看出，他具有丰富的宇宙学和地理学知识，航行中的观察十分仔细，也具备基础的自然科学知识。他在旅行札记中提到的美人鱼，显然不是对古代传说中生物的幻想。更何况，他还称在几内亚沿岸也见到过这种动物。与15世纪西班牙海员幻想的美人鱼相比，雌海牛胸前的乳房是两者之间唯一的"相似点"。

1811年，动物学家约翰·卡尔·威廉·伊利格将这种动物分类，并创造了一个单独的目，即海牛目（Prodomus systematis mammalium）。现在，海牛目分为海牛科和儒艮科两大类，共包括4个大种和4个亚种。

儒艮科（见图4）包括2属2种（其中一种已灭绝），儒艮（Dugong dugon）[①]和斯特拉海牛（Hydrodamalis gigas）。儒艮科主要生活在海洋中，它们的身体比海牛科要修长，扁平的尾巴和鲸类的尾巴相似（然而，它们的尾巴中间没有岔口），与身体在同一水平线上。斯特拉海牛是唯一适应寒带水域的海牛目动物。它们与儒艮和海牛不同，后者只生活在热

① 儒艮包括2个亚种：印度洋·太平洋儒艮（Dugong dugon dugon）和阿拉伯海·波斯湾儒艮（Dugong dugon hemprichii）。

图4　从基因和古生物角度看，儒艮和象是近亲。儒艮是一种完全生活在水中的海洋哺乳动物，只分布在热带到亚热带的印度洋—太平洋海域

带和亚热带海域中。

海牛目的第二类是海牛科，包括1属3种[①]，2个亚种。3种海牛分别是美洲海牛（Trichechus manatus）[②]，亚马孙海牛（Trichechus inunguis）和西非海牛（Trichechus senegalensis）。海牛科的体型比儒艮科要大，其扁平的尾巴呈圆形，其中，

---

① 一些专家认为，在亚马孙河的一条支流中存在第4种海牛：侏儒海牛（Trichechus pygmaeus）。

② 美洲海牛包含2个亚种：佛罗里达海牛（Trichechus manatus latirostris）和安的列斯海牛（Trichechus manatus manatus）。

两种海牛的胸鳍上有爪。海牛科有的生活在海洋中，有的则生活在淡水中[①]。

两栖食肉类：鳍足目

鲸目和海牛目动物一生都生活在水中，但在哺乳动物中，绝不是只有它们依赖海洋和淡水环境，还有其他食肉目动物（Carnivora）也一样。与名字所直接显示的意义不同，食肉目动物不全是肉食性的，有些是温顺的草食性动物，例如大熊猫。食肉目动物的下颌有称为“裂齿”的牙齿，即上颌的第2枚前臼齿和下颌第1枚臼齿，它们用这些重要的牙齿来撕裂肉食。它们的脚有4趾或5趾，爪子或多或少地具有威吓性。其头颅很强壮，脑部大，大脑皮层的沟回丰富，感官十分发达。相比雌性，雄性通常体型更大，体重更重。食肉目动物的体型大小不一，可能很小（例如鼬），也可能很大（例如熊和象海豹）。它们独居或群栖。食肉目动物刚出生时，眼睛无法视物，发育也相对不完全。除了下文将提到的少部分动物之外，大部分食肉目动物都生活在陆地上。至于海洋食肉动物，它们包括海豹、海狮、海獭，以及典型的北极熊。

这些动物归为哪一类呢？过去的两个世纪里，动物学家

① 淡水海牛只生活在淡水中。

们实际上也不清楚。根据种系分类学，动物学家们把海豹、海狮和象海豹归到食肉目，但仍有犹疑：是应把它们单独归为一目（保留“鳍足目”名称），还是取消这种名称，直接归类到犬型亚目[①]呢？本书将这些海洋哺乳动物统一称为“鳍足目”[②]。

首先，鳍足目动物是两栖的，它们的形态与其他食肉目动物不同。它们可以生活在淡水中，也可以生活在海洋里。雌性通常一胎生一只，很少会生两只。胎儿通常出生在春季，偶尔会出生在严冬，出生地通常在陆地上（或者浮冰上）。鳍足目动物全身有毛（通常是毛皮），表皮下有调节温度所必需的脂肪层。它们有须（或触须），有外鼻孔和外耳（有一种鳍足目有耳郭）。在陆地上出生之后，鳍足目动物需要适应水中的生活。因此，它们的肢体转化成了鳍，以适应水中的移动方式。与鲸目和海牛目动物不同，鳍足目动物既可以在陆地上行进，也可以在水中游泳，但它们在水中更加灵活。相比

① 食肉目动物分为两种，第一种是犬型亚目（Caniformia），包括犬科（狼、狐狸等）、鼬科（水獭、白鼬等）、浣熊科（浣熊等）、熊科（熊、大熊猫等）、海狮科（海狮）、海象科（海象）和海豹科（海豹、象海豹）；第二种是猫型亚目（Feliformia），包括猫科（猫、虎等）、灵猫科（麝猫等）、鬣狗科（鬣狗）和食蚁狸科（獴等）。

② 在拉丁语中，鳍足（Pinnipedia）意为“鳍形的脚”。pinna或penna的意思是“羽”或“鳍”，pedis的意思是脚，是相较于前后肢而言的，前后肢可以同时指在陆地上或在水中移动的四肢。

海豹（海豹科），海狮（海狮科）多一个优势：海狮前肢的形状更加有利于它们在陆地上移动。海狮可以在陆地上“跑”，而海豹只能依靠腹部趴在陆地上，通过腹部和前肢的共同运作来爬行。

长期以来，人们一直在争论鳍足目动物的起源问题。大多数古生物学家认为，它们有特定的共同祖先。而一些科学家发现，有一种鳍足目动物虽然与其他鳍足目动物相似，但其形态是进化而来的，并非从祖先遗传得来。他们还认为，海狮、海象与熊（熊科）有共同的祖先，海豹则与水獭（鼬科）有共同的祖先。2005年，一项分子学研究证实了上述假说，确认了上述三种鳍足目动物有共同的起源。这项研究也证实了它们与熊是近亲。2007年，人们发现了一具世界上独一无二的化石，这种化石介于海狮、海象和海豹之间，被命名为达氏海幼兽（Puijila darwini）。它由加拿大渥太华自然博物馆的古生物学团队发现于加拿大北部（努纳武特省的得文岛），团队由娜塔莉·瑞比克金斯基带领。这些遗留下来的化石可追溯到中新世初期（约2400万~2000万年前），尤其特别的是，它高达65%的化石骨架还保存完好。从吻部前端到尾巴末端计算，达氏海幼兽体长约一米。它的头颅非常像海獭，眼眶大，口鼻部短，颅腔发达。显然，达氏海幼兽是一种半水生的哺乳动物：它的趾骨末端扁平，让人联想到它的手和脚可能有蹼，能够在水中游泳、在陆上行走，跟有些狗一样。

因此，达氏海幼兽是世界动物进化史上奇妙的一环，是陆上祖先和我们现在已知的海洋后代之间“空缺的环节”。人们甚至找不到证据来反驳这些创新者们的论点。

现在，我们关于鳍足目三科动物的古生物信息依然很少，还不了解海狮、海象和海豹是怎样以及为什么分化开来的。但可以确定的是，最古老的鳍足目动物是海豹科。最古老的海豹科化石发现于美国南卡罗来纳州，处于早渐新世时期（2900 万~2300 万年前）。最古老的海象科（海象）动物发现于西北太平洋，位于中新世中期（1600 万~1400 万年前）的岩层中，被命名为原新海象（Proneotherium）和原海狮兽（Prototaria）。海狮科动物则出现较晚，它们最早的化石——皮氏美洲海狮（Pithanotaria starri）被发现于美国加利福尼亚州，处于中新世晚期（1100 万年前）。

1. 海豹科：海豹科包括 19 种海豹。与其他鳍足目动物不同，海豹科的脖子很短，且没有外耳郭。前鳍短，其长度小于身体的四分之一；后鳍也比较短小，不能弯折到骨盆下方。通常，雄性和雌性的体型并无差异，许多种类都是单配偶。在陆地上时，海豹重量压在腹部，靠腹部来爬行，或以身体的弯曲来前进；在水中时，海豹靠后鳍推动前进，身体则像鱼类一样游动。

2. 海象科：与海豹不同，海象的身体强壮而粗短，没有尾巴，但它们也没有外耳郭。成年雄性和雌性海象的上颌长有两根很长的尖牙，可以长达 50 厘米。雄性海象的体型比雌性大。它们只生活在北极及其附近海域。哺乳动物学家一致认为海象科只有一个种类，即海象（Odobenus rosmarus）。

3. 海狮科：海狮科包括 13 种海狮。海狮和海豹相反，它们的体型相对细瘦修长，有外耳廓。海狮的前鳍更长（大于体长的四分之一），并且都能用于在陆地上和海洋中移动。因此，它们可以靠鳍肢支撑身体，站在陆地上，并“转动肩膀”来前行。它们的后鳍可以弯折到骨盆下方。海狮科通常是多配偶，雄性的体型比雌性要大很多。

灵敏的水栖食肉类：海獭

其他水生食肉动物还有鼬科。鼬科动物包括许多种类，例如貂、石貂、伶鼬、黄鼬、狼獾、白鼬、水貂、臭鼬、獾以及獭（水獭亚科）。大多数水獭亚科体型小巧，身长在 13 厘米至 1.5 米之间，体型纤细，尾巴又长又大，体毛浓密。它们四肢短小，通常有带爪的 5 趾。根据种类的不同，鼬科分为趾行（用前肢或后肢趾的末端着地行走，脚掌不着地）、跖行（脚掌着地行走）和半跖行。它们能从肛门腺分泌一种液体，来划定领地范围，或在面对天敌时用于保护自己。它们一般独居，只在夜间或黄昏时出来活动，其食性是肉食或杂食。鼬科家族共有 55 个种（分为 24 个属），广泛分布在欧亚非大陆和美洲大陆（不包括马达加斯加和澳大拉西亚[①]）。其中，只有 3 种鼬科生活在海洋中，有 2 种是水獭亚科，第 3 种曾经（因为已灭绝）属于鼬科。

獭的身体修长，呈流线型，尾巴一般很细长。它们四肢短小，趾间有蹼。獭的体毛很浓密，而且防水。因为这一特性，它们的皮毛很珍贵，并深受欢迎。獭是出色的游泳健将，游泳速度快，灵活敏捷。同样地，它们在陆地上也能移动自如。獭性情活泼，聪明随和，善于交际。

2003 年之前，水獭亚科下的属种分类还不明确。水獭亚科曾经被分为 19 个种和 63 个亚种，大多数亚种只是通过标本而为人所知。后来，人们通过分子基因研究，将水獭亚科分为了 8 个属和 12 个种。其中，大多数都是淡水水獭，只有 2 种海獭生活在海洋中：海獭（Enhydra lutris，命名人：林奈，1758）[②] 和秘鲁水獭（Lontra felina，命名人：莫利纳，1782）。海獭（见图 5）生活在北美洲和欧亚大陆之间的北太平洋海域，秘鲁水獭则生活在南美洲附近的南太平洋海域。

水獭亚科是鼬科的一个下级分类。最古老的水獭生活在

---

① 澳大拉西亚一般指大洋洲地区，即澳大利亚、新西兰和邻近的太平洋岛屿，不包括波利尼西亚、东南太平洋地区和密克罗西尼亚群岛。

② 海獭包括 3 个亚种：西方海獭（Enhydra lutris，命名人：林奈，1758）、东方海獭（Enhydra lutris kenyoni，命名人：威尔逊，1991）和南方海獭（Enhydra lutris nereis，命名人：梅里亚姆，1904）。

图 5　在加利福尼亚的蒙特雷海湾，一只海獭浮在海藻丛上

淡水中，距今约 3000 万年。至于最早的海獭，它们则被发现于中新世早期到上新世晚期（约 600 万~400 万年前）的岩层中，出土于欧洲（西班牙）和北美洲（美国佛罗里达和加利福尼亚）。这两种体型巨大的海獭，分别为佛罗里达巨海獭（Enhydritherium terranovae）和西班牙巨海獭（Enhydritherium lluecai）。现生海獭属最古老的近亲则出现在更新世，其化石（Enhydra macrodonta）出土于加利福尼亚的更新世地层中。

冰上食肉类：北极熊

人们都知道北极熊（Ursus maritimus），这种熊的法语名字为“白熊”。在魁北克，人们用法语称它们为北极熊，和其他地区的英语名称（polar bear）一样；德国人则称它们为Eisbär，意思是“冰上的熊”。北极熊能同时适应水中和陆地上的生活，并且同样行动自如。在经过数十万年的进化后，北极熊成为非常适应极地生活的哺乳动物。

北极熊属于熊科，是陆地上体型最大的食肉动物。它们体重大，体型高大或中等，身材结实。北极熊头部大，口鼻部短，末端成截头形。它们的颈部肌肉发达，躯干庞大，强壮的四肢上有大而弯曲的利爪，爪子不能伸缩，十分具有威慑力。北极熊一个简单的爪击就可以杀死和它同等体型的动物，一只爪就可以举起100公斤重的猎物，甚至除掉人类的头部，它们的掌心全部或部分覆盖着毛发。雄性北极熊的体型平均比雌性要大20%。北极熊的嗅觉十分灵敏，而听觉，尤其是视觉相对较弱。由于北极熊的体毛浓密，体内有厚厚的脂肪层，它们可以完全抵御寒冷。

在生物进化的过程中，从某种程度而言，熊科动物进化并不成熟。3000万年前（始新世末期到渐新世初期），食肉目哺乳动物中的一支分化出了两科：浣熊科（浣熊）和熊科（亚洲的半熊）。很快，最早的熊科动物继续进化，逐渐分化出了一些新的亚种。现在的眼镜熊（Tremarctos）比其他熊类出现早，最早出现在中新世中期（1300万年前），而其他6种主要的熊则出现在上新世早期（420万年前）。熊科分为两大不同的分支：

熊猫亚科（包括大熊猫和红熊猫[①]）和熊亚科（熊类）。熊亚科包括9个种，其中只有1种生活在海洋环境中，即北极熊。最古老的北极熊化石出现在更新世早期（13万~11万年前），出土于普勒宾顿（位于挪威斯匹茨伯格岛西边的卡尔王子岛上）。通过研究它的分子基因（线粒体DNA的序列），人们得出了一个肯定的结论：在上新世（150万~100万年前）时期，北极熊与棕熊就分化成了两个不同的种类。北极熊与棕熊的分化，可能是因为北极熊主要以海洋哺乳动物为食。就地质时期而言，这段时期十分短暂，在这期间，北极熊适应了极地环境（尾巴短小，小而圆的耳朵紧贴在头部，以阻止热量的散失）。曾经的棕色体毛也变成了浓密的白色体毛，或多或少的会呈现淡黄色。[②]

从鲸到北极熊，我们的讲述思路似乎有些跳跃。然而，这些哺乳动物都有一个共同的特点，它们都依靠水为生。它们适应着水中生活，寻觅食物并繁衍生息。这些海洋哺乳动物引发了我们极大的同情和希望。在脆弱的海洋环境中，它们面临着各种各样的威胁，既来自环境的破坏，也来自人类的鲁莽行为。

---

① 红熊猫又名小熊猫（Ailurus fulgens），它们是否应归为熊科，至今仍在争论之中。

② 尽管北极熊的毛发是白色的，但它们的皮肤为深色，几乎是黑色，这是从它们的灰熊祖先继承而来的。

第 2 章
古代灭绝动物史

在世界灭绝动物名单中，有极具代表性的渡渡鸟、斑驴、大海雀和袋狼等，一些海洋哺乳动物也在这一行列中，例如大西洋灰鲸、斯特拉海牛、海貂、加勒比僧海豹和日本海狮。上述这些动物，有的在很久以前就灭绝了，但看到关于它们的记录依然十分悲情。

北大西洋灭绝的灰鲸

正是中午时分，瑞典附近的海面波涛汹涌，绿色的水面上布满了波涛冲击出的条痕状泡沫，天空密布着沉重的淡灰色乌云。在两阵巨大的波涛间，一股鲸鱼呼吸的水柱突然出现。这只海洋哺乳动物将身体小心地露出水面，随后又消失在水中。它游泳的动作强劲有力，因为它正在逃跑。在它后面，一艘三桅船穷追不舍。船上是一些法国的巴斯克船员，他们使尽全力盯着这只鲸，紧跟着它逃跑的路线。船员们隐隐约约发现了这只鲸急促的呼吸，却很难看清它。突然，这只鲸出现在巨浪之间，但很快又潜入了海水中。终于，船长决定不追了，因为太危险。这只鲸得救了！然而，它的未来却并不乐观。这幕情景出现在 1311 年 8 月，这只巨大的鲸很可能是最后存活的北大西洋灰鲸之一。

将近 5 个世纪之后，1861 年，瑞典博物学家威廉·利亚博格在瑞典波的尼亚湾沿岸格赖斯岛的海滩上散步时，发现了一些巨大的骸骨，他认为这些骸骨属于一只灰鲸。距离沙滩边缘 250 米处，有一个高于海平面 5 米的小土丘。土丘中有一个 1 米深的黏土裂缝，这些骸骨就在这个裂缝中，与贝壳碎屑混在一起。威廉在其中发现了颌骨和脊椎，从椎骨的垂体状态看出这是一只成年动物。通过分析黏土的成分和骸骨间的贝壳化石，他估计这些骸骨有 4000~6000 年的历史。1937 年，他的估测被证实了。这些残存的亚化石属于一种未知的鲸类。威廉认为这是一个新品种的鳁鲸，并把它命名为强壮鳁鲸（Balaenoptera robusta）①。然而，威廉却没有料到，这种“史前的”鲸还存活着，它们不再生活在大西洋，而是转移到了北太平洋。后来，在加利福尼亚南部附近的墨西哥

① 在希腊语中，balaena 意思是“鳁鲸”，pteron 意思是“翅膀”或“鳍”。1804 年，法国动物学家贝尔纳·德拉塞佩德创造了“鳁鲸属”（Balaenoptera）这一名称，用来区分鳁鲸和露脊鲸。

海域，人们大量捕杀这种鲸。

1843 年，英国国家自然历史博物馆的动物学家约翰·爱德华·格雷开始着手修订鲸目动物的分类目录。1864 年，他开始研究在瑞典发现的这些骸骨。他认为，利亚博格发现的亚化石骨骼以及其他在英国和荷兰发现的亚化石，它们都不是鳁鲸，而完全是另一种鲸类。因此，他将这种鲸命名为灰鲸（Eschrichtius）①，此外还加上了并列的形容词 robustus，以此参照瑞典博物学家威廉的第一次描述。②

其间，在欧洲和美国，人们发现了许多北大西洋灰鲸的亚化石骨骼。1861 年至 1935 年间，有人在英国和荷兰海滩上发现了这种鲸的一些骨骼碎片和颅骨，并将其收集了起来。从一些完整的骨架中可推测出这种鲸的体型：北大西洋灰鲸体长约 8 米。根据一些骨骼的碳 14 含量，可推测这些动物死亡于 6000 年前至 2500 年前。1855 年，邓纳姆夫人在新泽西州的汤姆斯河岸边散步时，发现了一块灰鲸的颌骨。大约一个世纪后，1959 年 9 月 7 日，一位潜水爱好者在美特尔海滩

① 格雷所取的这个名字是为了纪念生于哥本哈根的丹麦动物学家丹尼尔·埃施里赫特（Daniel Eschricht）。

② 长期以来，人们认为 1725 年英国人保罗·杜德利在新斯科舍省观察到的 scrag whale（背后有突起的鲸），以及 1777 年德国兽医约翰·克里斯蒂安·埃克斯勒本描述的 Baleana gibbosa（长瘤的鲸）都是灰鲸。但也有一些科学家（米德和米切尔）认为它们是黑露脊鲸。

（南卡罗来纳州）上发现了一块灰鲸的颌骨。这块颌骨至少高2米，位于沙滩边缘15米处。人们后来又陆续发现了其他骸骨碎片，证实了这种鲸确实生活在美国纽约和佛罗里达之间的沿岸海域。所有的灰鲸骨骼都被小心翼翼地陈列在欧洲和美国的自然历史博物馆中。整体来看，欧洲存有7块亚化石骨骼，北美存有10块。欧洲的亚化石约有340~8330年的历史，至于美国的亚化石，其中最古老的可以追溯到10140年前，最年轻的则属于在1405年至1585年之间死亡的灰鲸，其中有一块属于死亡于1675年的灰鲸。因此，生活在北大西洋的灰鲸见证了第一批欧洲殖民者的到来，并遭遇了狂热的捕鲸时期。巴斯克人（从9世纪开始）、荷兰人、挪威人、汉堡人和英国人（15世纪），甚至是北美人（从1670年开始），都纷纷加入捕鲸的行列中。据此，我们可以认为，北大西洋灰鲸是人类狂热捕猎的第一批受害者。

1611年，英国捕鲸公司莫斯科威组织了在斯匹茨伯格北极海域的一次远航，目的就是发现鲸类。船长托马斯·艾吉带领两艘船出发了，到达之后，他发现北极附近海域有十分丰富的鲸类。他记录了露脊鲸（Sarda）、座头鲸（Sedeva

Negro)、抹香鲸(Trumpa)[①]、鳁鲸(Gibarta)、蓝鳁鲸(Sedeval)、格陵兰鲸(Bearded)和另外一种鲸。其中，他写道："第四种鲸名为 Otta Sotta，它和抹香鲸的颜色一样，嘴里有白色的鲸须，鲸须比抹香鲸浓密，但更短些，它的鲸油质量很好。"一些鲸类学家认为 Otta Sotta 就是灰鲸，因而在北大西洋海域，这是历史上第一次有关灰鲸的记载。

冰岛人乔恩·古德蒙森给出了另一种描述，并配上了描绘的图片，使他的描述准确无疑。1574 年，乔恩·古德蒙森出生于冰岛东北沿海，他经常拜访巴斯克和西班牙捕鲸人，当时，这些捕鲸人在雷克雅峡湾、斯坦格林姆斯峡湾和冰岛的其他峡湾捕猎鲸类。一些捕鲸船的船长和他讲述捕鲸人远航时捕到的海洋哺乳动物，根据他们的描述，古德蒙森做了笔记并画出各种不同的鲸类。1640 年，他发表了题为《冰岛物种简介》(*Ein stutt underirriettg Island adskilianlegar nàttùrur*)的作品。这本著作非常珍贵，现存的仅有雷克雅未克图书馆的一些原书片段。在书中，作者描述了许多不同种类的鲸。一些鲸有牙齿，另一些则没有。一些鲸的腹部有褶

① 抹香鲸(Trumpa)，是一种齿鲸，因此，它们没有鲸须。有趣的是，在托马斯·艾吉的记录中，他并没有分清须鲸（即这里的灰鲸）的鲸须和齿鲸（抹香鲸）的牙齿，他写道："鲸的牙齿和鲸须作用一样吗？"在当时，捕鲸人并不是科学家，而且当时的科学也不发达，人们无法区分须鲸和齿鲸。

皱状的腹沟，背上有鳍；一些鲸的胸鳍很短，另一些鲸的胸鳍长度中等，或者很长。古德蒙森并不在意鲸的尾巴，他有时只描述了鲸类身体的部分，有时却又描述了尾巴，全书几乎都是如此。他在书中描述了 11 种鲸类，其中 6 种很容易辨认：一角鲸、黑露脊鲸、座头鲸、蓝鲸、小须鲸和灰鲸。

古德蒙森画的灰鲸很容易辨认出来：身体很长，中部粗壮，吻部短，嘴里有鲸须。上颚略微拱起，头顶有一些突起的瘤。它没有背鳍，但从背部中间到尾端有 4~5 个突起，这是灰鲸外表形态的独有特征（见图 6）。

古德蒙森如此描述道："这种鲸食用味道鲜美。它有白色的鲸须，生命力很顽强，会像海豹一样，搁浅一整天都不会死亡。"此外，它的冰岛语名字 Sandloegja 可以译为"睡在沙上"。但实际上，灰鲸和其他种类的鲸一样，从来不会在陆

图 6　这是冰岛语名为 Sandloegja（意为"睡在沙上"）的鲸类，1640 年由乔恩·古德蒙森所画，这是历史上第一次描述灰鲸的图片

地上休息，它们会因为脱水和窒息而死亡，并被自身的重量压垮。那么，该如何解释古德蒙森这个错误的描述呢？这是因为，在灰鲸的繁殖季节，它们会游到墨西哥浅水的潟湖里。灰鲸的身体很适应这种浅水环境，因为它们的胸鳍形状很特别，就像桨一样，又大又短。当灰鲸游到沙滩上时，它们就像滑行艇一样，用胸鳍滑行。捕鲸人曾看到灰鲸游到冰岛海滩附近，以哺乳幼鲸或躲避虎鲸，当时的捕鲸人认为这些鲸是准备在海滩上搁浅休息。

现在，从灰鲸亚化石的研究中，我们可以得知，从史前时期直到1675年，或到1792年，灰鲸一直生活在北大西洋（见图7），包括东北大西洋（北欧附近）和西北大西洋（北美附近）。我们已经知道，北太平洋灰鲸有迁徙的习惯，它们会在海洋中迁徙至8000公里外。夏季时，它们会游到北极及其附近寒冷的白令海峡水域（西伯利亚和阿拉斯加之间）；冬季时，它们则会游到南加利福尼亚和韩国附近的亚热带海域。那么，大西洋的灰鲸也有迁徙习惯吗？答案是极有可能。我们可以推测，北大西洋有两个种群的灰鲸，一个在东边，一个在西边。夏季时，东边的北大西洋灰鲸可能在冰岛、挪威和斯匹茨伯格附近的北极海域度过；冬季时，这些灰鲸则向南迁徙到非洲沿岸海域甚至是地中海来繁殖后代。实际上，1997年，人们在蒙彼利埃附近的拉塔拉古城（位于法国朗格多克区的东部）进行考古挖掘时，发现了一些灰鲸的亚化石

图 7　北大西洋的灰鲸(强壮鰮鲸)

骨骼。从中可以推测，冬季时，一些灰鲸曾经游到了地中海沿岸的潟湖中。至于北大西洋西边的灰鲸群，夏季时，它们会到新英格兰地区附近的海域觅食，也会游到加拿大的新斯科舍省、圣劳伦斯湾、纽芬兰大浅滩甚至哈德逊湾附近海域；冬季时，美国附近的灰鲸群则在佛罗里达繁殖后代，有时候也会往南到达加勒比海①。

不幸的是，大西洋灰鲸在迁徙时会途经捕鲸人的捕猎区域，于是它们成了西班牙、巴斯克和英国捕鲸公司捕猎的目标。但为什么在 17 世纪或 18 世纪以后，很难在北大西洋再看到这种鲸了呢？我们很容易想到，人类过度捕杀灰鲸，使灰鲸从此灭绝。原本大西洋的灰鲸数量就很少，加上 9 世纪到 18 世纪众多捕鲸公司的捕杀，灰鲸便岌岌可危，最后了无踪迹。

---

① 1983 年，人们在佛罗里达的朱庇特岛上了发现了灰鲸的颌骨，证明这种鲸迁徙时会经过佛罗里达沿岸海域。

1851 年，探险家和捕鲸人查尔斯·梅尔维尔·斯卡蒙跟着南太平洋海域的鲸到了厄瓜多尔，随后沿着加利福尼亚南部海域行进，在墨西哥的一些潟湖中发现了大量的灰鲸。他那时估计太平洋的灰鲸有 3 万只[①]，而到了 1885 年至 1886 年，灰鲸仅剩下不到 160 只。

2010 年 5 月 8 日，在以色列的赫兹利亚沿海，一只不同寻常的全身灰色的鲸为了呼吸，浮出了水面好几次。它的呼吸十分强有力，喷出了高达 4 米的水柱。第六次呼吸时，这只鲸用力地弯曲脊背，并把尾巴完全露出了海面。当时，一条在附近路过的帆船随即改变了航线，向这只海洋哺乳动物接近。帆船上的游玩者拍了一些照片，随后把这些照片交到了以色列海洋哺乳动物研究与援救中心（IMMRAC）。研究中心的负责人阿维亚德·谢宁一眼就认出这是一只灰鲸。[②]这只灰鲸体长约 12 米，重量大概在 20 吨左右，是一头成年雄性灰鲸。大西洋的灰鲸不太可能存活了几个世纪而没被人发现过，最有可能的假设是（尽管看起来有些难以置信），这是一只原本生活在北太平洋的灰鲸。这头鲸不可能绕了一个大弯，从太平洋南部游到合恩角，再穿过大西洋南部，通过直布罗

---

① 通常，人们认为太平洋最初有 1.5 万～1.8 万只灰鲸。

② 2010 年 6 月 8 日，人们在西班牙的巴塞罗那沿海可能再次观察到了这只鲸。

陀海峡到达地中海，那么只剩下两种假设，即它是往太平洋西北或东北的方向游到了地中海。如果是从东北方向，那么它就经过了白令海峡，沿着阿拉斯加沿海前进，随后到了加拿大北部海域，再往下游经巴芬湾、戴维斯海峡（加拿大和格陵兰岛之间）和拉布拉多海，随后横穿北大西洋，越过直布罗陀海峡，到达以色列沿海。如果是从西北方向，那么它可能经过白令海峡后，沿着拉普捷夫海的西伯利亚沿岸海域前进，依次游经巴伦支海、挪威海和北大西洋，最后穿过直布罗陀海峡，到达地中海。现在看来，因为全球气候变暖，北冰洋的许多海域都无法结冰①，所以灰鲸的这两种路线都是可能的。那么，人类会促使灰鲸发起新的迁徙，从太平洋游到大西洋吗?

21 世纪初，加拿大政府曾经做了一个计划，想将灰鲸从太平洋引进到大西洋，恢复大西洋的鲸群数量。②曾经有科学家想抽取部分东北太平洋的灰鲸，将它们引入大西洋的加拿大海域。而为了建立一个数量稳定的鲸群，至少需要引入 100 多头灰鲸。科学家们总共想引入 620 头灰鲸，即 2003 年至 2007 年，平均每年引入 140 头。然而，政府认为，运送数

---

① 2008 年至 2009 年夏天，西北方向的这条路线上几乎没有任何结冰区域。

② 这一计划由加拿大渔业及海洋部在 2007 年提出。

量如此庞大的鲸群有些不切实际。即使能够运送鲸群，但对于这些鲸而言，适应新环境是一个长期而复杂的过程，主要是在食物和营养方面难以适应。因此，这一设想毫无疑问会失败。

斯特拉海牛的哀诉

在巴黎时，我每年都会去国家自然历史博物馆，参观植物园的古生物馆与比较解剖馆。这个分馆每年都会迎接大约30万游客，在我眼中，它是欣赏复杂与美丽的骨化石、感受它们的形态和进化历程的圣地。我曾参观过世界上许多的自然历史博物馆，但觉得这个分馆在世界上是独一无二的：它是世界上唯一一个有“维多利亚时代”展品的博物馆，仅一个展览室里就有1000多架当代动物的完整骨化石。其他科学家也和我一样赞赏它。

2001年，我在美国南达科他州做一个关于恐龙的报告时，访问了霸王龙研究专家彼得·拉尔森，他同时也是希尔城黑山地质研究所（位于美国西部）的所有者和负责人。他告诉我：“这是唯一保存有恐龙起源历史的自然历史博物馆，它非常神奇，时间仿佛在参观时都停止了。巴黎自然历史博物馆中的这个分馆是一个杰作，最近，科学教育十分流行，人们把一些博物馆搬空，放上几块骨骼和一些骨架来展示，只有巴黎的博物馆依然保持原貌，我也希望它会一直如此。”

从大型窗户中透进的阳光照亮了巨大的陈列室，一大群完整的骨架似乎在静静地奔跑。从鱼类到两栖动物，从爬行动物到鸟类，从哺乳动物到人类——从这里的骨架可以看出，脊椎动物为适应生活环境而不断进化。有的骨架属于一些已灭绝的物种。在陈列着马类的玻璃窗里，我们可以看到1883年左右灭绝的斑驴的骨架，以及19世纪末灭绝的叙利亚野驴的骨架。在有袋类动物的展区，我们可以看到袋狼的骨架，人们认为袋狼在1961年之后灭绝了。在爬行动物和鸟类展区之间，海牛区陈列着一具海牛和一具儒艮的骨架。这两具水生哺乳动物的骨架庞大而粗壮，骨骼密度大，重量沉。这也是一种已经灭绝了几个世纪的海牛目动物：大海牛。这具骨架是世界上所有大海牛骨架展品中最完整的骨架之一，最开始由三名专家复原而成，它是该博物馆最为骄傲的展品之一。

大海牛又名斯特拉海牛[①]（Hydrodamalis gigas[②]，命名人：

① 大海牛有很多法语名字，如斯特拉尔（18世纪至19世纪初）、勘察加大海牛（19世纪初）和斯特拉海牛。

② 在希腊语中，Hydro意为“水”，damalis意为“年轻的”，gigas意为“巨大的”。

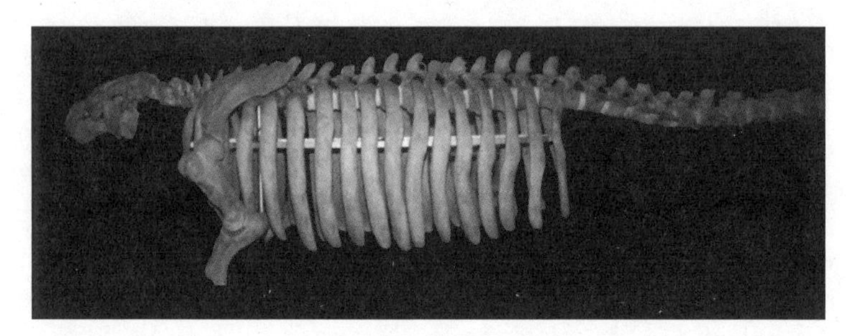

图 8　斯特拉海牛骨架（现存于日本静冈县清水市的东海大学并被展出）

齐默曼，1780）[1]。这是一种儒艮科的海洋哺乳动物，生活在白令海峡附近寒冷的水域中。1741 年，人们意外发现了大海牛，然而，27 年后，它们就灭绝了。这种巨型海牛目动物（见图 8）体长 7～8 米，重 8～9 吨，它们的灭绝完全阐释了人类愚蠢的破坏力。

德国博物学家格奥尔格 · 威廉 · 斯特拉[2] 是探索北太平洋的第一人。1741 年，丹麦航海家维他斯 · 白令第二次来到了隔开西伯利亚和阿拉斯加的海峡，斯特拉则与白令随行。当时，沙皇从全俄国人中选出了白令，派他带领远航队伍去圣

① 这种海牛目动物还有许多学名：如斯氏大海牛（命名人：勒兹，1794）；北极大海牛（命名人：伊利格，1811）；斯氏海牛（命名人：德马雷，1819）；北极斯氏海牛（命名人：德马雷，1822）和巨型海牛（命名人：格雷，1850）。

② 法布里斯 · 热纳瓦（F. Genevois）：《海牛的黄昏》（*Le Crépuscule des vaches de mer*），盖特尔出版社（Le Guetteur），2012 年。

保罗沿海探索地理，以确定欧亚大陆是否和美洲大陆连在一起[1]。不幸的是，探险队遇到了海难，被迫停留在一个小岛上。白令死在了这个小岛上，后来人们为了纪念他，将这座岛命名为白令岛。斯特拉和他不幸的同伴们在岛上各处探险，在海滨发现了海獭、毛皮海狮和一种奇怪的体型巨大的海洋哺乳动物，即大海牛。探险队闲暇时就观察这种奇特的动物，它们行动缓慢，温顺无害，探险队于是捕杀大海牛以充饥。就这年，1741 年至 1742 年间的冬季，斯特拉和他的同伴们被迫停留在岛上，一边忍受着寒冷的煎熬，一边用一只大海牛的毛皮做了一条小船。作为博物学家，斯特拉记录了岛上的自然环境和这种海洋动物，并收集了一些植物和矿物的样本。他还解剖了他们在 1742 年 7 月 12 日捕捉到的一只雌性大海牛。这只大海牛体长 7.52 米，周长 6 米。斯特拉称重并测量了这只大海牛的每个器官，记录下了 47 个测量数据，以此得出大海牛器官的内外生理特征。

夏季时，探险队可以离开小岛，返回堪察加了。当时，小船已经无法容纳斯特拉收集的所有样本，因此，他决定带上笔记、一些干燥的种子和这只雌性大海牛的一对腭。回到大陆后，斯特拉将样品和笔记手稿送到了圣彼得堡。斯特拉

① 在这次航行中，白令发现了隔开两大洲的海峡，此后以他的名字命名为白令海峡。

37 岁便去世了，他活的时间不长，没有看到这本笔记出版。他在西伯利亚的寒冬中逝世，距离故乡万里之遥。

1751 年，圣彼得堡学院将斯特拉的笔记出版成书，题为《海洋动物》(*De Bestis Marinis*)，描述了海牛和其他西北太平洋的海洋哺乳动物。在白令岛上度过的 6 个月里，斯特拉记录了这种大海牛的许多行为。这些记录十分重要，法国解剖学家乔治 · 居维叶、他的弟弟弗列德利克 · 居维叶以及动物学家安塞尔姆 · 加埃唐 · 德马雷一起将其翻译成了法文，博物学家威廉 · 米勒和乔伊 · 米勒将其翻译成了英文。这本书详细描述了斯特拉海牛的内部解剖学结构。

这是一种非常引人注目的动物。它体长 6~8 米，有的可达到 9 米，体重 4.5~6.3 吨。它的身体呈纺锤形，形态像儒艮（见图 9），与身体在同一水平线上的尾巴分为两片，类似于鲸类的尾巴。它的桨状鳍（或胸鳍）较短，含有肱骨、桡骨、尺骨和腕骨。斯特拉没有提到北太平洋这种海牛的前肢有趾骨，这是一个疏漏吗？还是说，这种动物的骨骼结构中真的没有趾骨呢？

它的脖子很短，几乎看不出来，头部相对于整个身体而言很小。吻部的上唇高且圆，旁边有许多褶皱，吻部有半透明的白色触须，长度在 10~13 厘米左右。至于牙齿，它的嘴里有两片角质的研磨板（即腭板），用来磨碎日常吃的藻类等食物。它们没有颗颗分明的牙齿，一些身体器官的骨骼瘦削，

图 9　斯特拉海牛的侧视图和俯视图

被认为是退化的特征。[1]大海牛一生中的大部分时间都在进食，把头埋在水中，无忧无虑，毫不担心自身的安全问题。这种海洋哺乳动物性情十分温顺，游泳缓慢。因此，人们很容易便能接近一群正在进食的大海牛，在它们中间游来游去。

斯特拉描述到，大海牛成群结队地行动，雄性和雌性都在一起，队伍包含 15~20 只大海牛。它们的背部常常浮出水面。当它们在水中游动时，幼年的大海牛会被保护在队伍中

① 大海牛还有一些其他的身体结构被认为是退化特征。例如，两块肋骨黏合，并与脊椎骨连接在一起；它们的躯干和第一个腰椎的横突之间有缝隙。

间。斯特拉认为大海牛是一夫一妻的单配偶制，它们在早春季节繁殖。夜幕降临时，它们在平静的海洋中开始交配。雄性会不断地追逐骚扰雌性，直到雌性精疲力竭，把背部朝下，翻身仰卧在海水中。雌性大海牛一胎生一只幼崽，在长达一年半的孕期后，它们会在秋季分娩。雌性身边不仅陪伴着它上一胎所生的孩子，还会有一到两只年长的大海牛在身旁陪伴。大海牛是一种群栖而团结的动物，它们常常会帮助身处困境的同胞。[①] 人们曾经见过，有的大海牛被渔民拖到海岸杀死时，其他的大海牛会陪伴在死去的大海牛身边，久久不愿离去。

这种动物的生活习性如何呢？大海牛是海牛目动物中唯一适应寒冷水域的种类，其他 5 种海牛目动物则生活在热带和亚热带海域。大海牛的身体有一层约 23 厘米厚的脂肪层，能帮助它们抵御身体热量的散失。此外，它们厚厚的角质化表皮也能够抵御寒冷。

为了在白令岛上生存并度过寒冬，探险队曾捕杀大海牛来充饥。捕捉大海牛极其容易，因为这些动物会让人随意地接近。捕捉大海牛最困难的步骤就是将它们拖到海滩上，这一过程需要 40 个人合力才能办到。遇灾的队员们高度赞美大

① 鲸类学家将这种现象称为“无私互助的利他行为”。

海牛的肉味，斯特拉写道：“尽管烹煮大海牛的肉需要很长时间，但它的肉味十分鲜美，味道和牛肉差不多。”在斯特拉发现大海牛之前，堪察加沿海、阿留申群岛甚至科迪亚克岛上的当地人一直都将大海牛作为捕猎对象。当时，堪察加的土著居民称这种动物为 Kapostnik，意思是“吃甘蓝的”，让人联想到大海牛的日常食物——海藻。在大海牛分布的所有区域，捕猎普遍存在。

当白令岛的探险队员们回到俄国西伯利亚后，人们得知了这种温顺而容易捕捉的海洋哺乳动物的存在，并且从它们身上可以获得丰富的资源，如味道鲜美的肉、油和奶等，这煽起了海獭和海狗捕猎者的贪婪欲望。这些捕猎者每年用 8~9 个月的时间去屠杀这些大海牛，由此注定了这些大海牛的命运。1754 年，铜岛附近的大海牛灭绝了。1755 年，面对白令岛附近海域的大海牛日益减少的情况，矿业工程师彼得·雅科夫列夫向堪察加司法部发起了请愿，希望政府规定停止捕杀大海牛，如果不可行，就严格规范捕杀大海牛的行为，但他的请愿却被当地政府直接遗忘了。1763 年，人们捕杀了白令岛最后一只大海牛。1768 年，据探险家马丁·绍尔的记录，最后一只大海牛被一艘纵帆的三桅小船捕杀。斯特拉发现大海牛的 27 年后，这个物种就在世界上灭绝了。

如今，我们现有的关于大海牛的资料显示，它们在 1741 年被发现时，已经濒临灭绝。有人认为，大海牛本身就很脆弱，海獭和海狮的捕猎者只是间接地给了它们致命一击。在白令海峡的岛屿附近，生态系统的食物链非常复杂。事实上，海獭以海胆为食，而海胆则吃海藻和褐藻。13世纪至15世纪，第一批殖民者来到白令海峡的岛屿后，大量猎杀海獭，以取得它们的毛皮。得益于此，海胆大量繁殖，吃掉了大片海藻丛，而以海藻为主食的大海牛很可能变得缺乏食物了。人类捕猎大海牛，难道不是加速了大海牛已在灭绝的进程吗？人类难道不是它们灭绝的间接凶手吗？

现在，大海牛残存的仅有一些皮肤的碎片（保存于圣彼得堡和汉堡）和一些骨架。这些骨架被保存在世界上几个自然历史博物馆中，主要是巴黎和里昂的博物馆。

但是，大海牛真的灭绝了吗？1768年以来，有人疑似见过大海牛，从而引发了许多争议，也引发了人们找到幸存的大海牛的希望。然而，由于缺乏严谨的证据，动物学家们不能轻易断定大海牛依然存活在世上。

神秘的海貂

海貂（Neovison macrodon）是一种非常神秘的哺乳动物。现在，我们仅存有海貂的一些骨骼或骨架。因此，我们没有任何海貂的毛皮，也就是没有任何动物标本。这十分不可思议，因为人们通常认为，人类为了海貂的毛皮而猎杀它们直至灭绝。这种鼬科动物从来都不是人们科学研究的对象。早期的探险家与博物学家也没有观察这种动物的时间，或者是去记录它们的生理和行为。那么，我有机会发现一只活着的海貂吗？

1983年的9月时常下着大雨，天空一直是灰蒙蒙的，布满了沉重的乌云。距离阿夫尔·圣皮埃尔西部几公里处，皮拉龙河口的众多瀑布，水流倾泻而下。三天来，雾气一直笼罩着圣劳伦斯湾，我在河岸附近看到了好几只灰色海豹的脑袋，像黑色的皮球一样，顺着水面的波浪而起伏。这些鳍足动物看着我，就好像在窥伺我一般。在圣劳伦斯河北边的魁北克省北岸地区（迪普莱西），这一地带人迹罕至。

河岸有许多悬崖峭壁，我在其中一座峭壁上坐了下来，倾听鲸类的声音。这里有很多鲸，尤其是小须鲸，它们来到十分靠近河岸的地方觅食。它们有时会游到河流入海口，在这里捕食鳕鱼群和其他鱼类。突然，在离我很近的水面上，我看到一个小脑袋露了出来。这可能是一只貂，它在水中游得非常灵活自如，所以它肯定是一只水生动物。它一边游泳，一边盯着我看。然后，它游上岸，爬到一块岩石上，抖动它的身体来甩干毛皮上的水。它在那儿待了一会儿，打量着我，可能在想：这是一只危险的动物吗？在这短暂的间隙里，我开始观察它。这只动物体型很小，体长大约40多厘米。它的头部相对比较强壮，鼻子很短。相对于整个身体而言，它灵活的颈部比较长。它体型修长，行动敏捷，掌部短，尾巴覆盖着浓密的毛，长度几乎占身体总长的一半。它的耳朵很小，体毛浓密，有柔软光滑的长毛。很快，我就认出了这只小哺乳动物，这是一只美洲貂（Neovison vison①）。这是魁北克地区很寻常的物种，但很难见到，所以我非常幸运。这只貂看了看周围，又朝我瞧了瞧，然后又再次观察起它的周围环境。我似乎闯入了它的领地，而它的“谕旨”允许我待在它的地盘上。几分钟之后，它再次站了起来，继续赶路，在一块块岩石之间跳来跳去，优雅地奔跑跳跃在沙滩上，随后消失在圣劳伦斯河的滚滚波浪之中。很快，我的思绪开始飘远。如果这不是一只美洲貂，而是……我无法使自己回归理智，无法消除我脑海中的想法：要是我能见到最后一只海貂就好了。

海貂灭绝于 19 世纪 60 年代，也可能晚一些，到 1894 年才灭绝，但科学家们甚至完全不了解这种动物。实际上，只有动物学家普伦蒂斯在 1903 年描述过这种动物。那时，人们在美国缅因州布鲁克林附近的一个美洲印第安人贝壳掩埋场发现了一块颅骨，就此引起了普伦蒂斯的注意。而 1903 年时，海貂已经灭绝。几年后，在美国新英格兰地区沿海和加拿大沿海省份（新不伦瑞克省和新斯科舍省）的一些考古点，人们发现了另一些骨骼碎片和骨架。我们所知道的这种鼬科动

① Neovison vison（美洲貂）是 Mustela vison（意为“鼬科的貂”）的同义词，后者是美洲貂 2005 年之前的学名。

物的资料，仅来源于这些骨骼的分析和美国与欧洲捕猎者鲜少的记录。

海貂曾长期被归类为美洲貂的众多亚种之一。[①] 美国一些博物馆存有海貂的骨架，人们对这些骨架进行了比较解剖学的研究，分析了它们的颅骨、颌骨、肱骨、桡骨、股骨和其他部位，以确定这种动物是美洲貂的亚种还是一个完全的新品种。研究结果十分令人信服，海貂的骨骼和牙齿比美洲貂的要大得多，而且更加强壮。人们因此得出结论，海貂是另外一个物种，其体型、毛皮和生活习惯方面都与美洲貂大相径庭，它们完全是另一个物种。海貂的体型比美洲貂大得多（海貂体长一般不超过 75 厘米）。1867 年，人们在加拿大新斯科舍省抓到了一只体长 82.6 厘米的海貂。美国动物学家乔治 · 吉尔伯特 · 古德温提及过一只更大的海貂（体长 1 米，尾巴长 25 厘米），这只海貂可能于 1874 年在芬迪湾被人捕到。雌性海貂的体型比雄性小，与高大的成年雄性美洲貂差不多。人们找到的几个海貂颅骨比美洲貂的颅骨大很多，它们的口鼻部很大，有着扩大的鼻孔。海貂的毛皮比美洲貂更粗糙，毛色呈红棕色。海貂身体上有一种特殊的气味，可能是由于它们的肛门腺会分泌强烈的麝香味液体。它们毛发浓密的长

---

① 海貂先是被称为美洲水鼬（Mustela vison macrodo），后又被称为美洲海貂（Neovison vison macrodon）。

尾巴占身体总长度的三分之一左右，躯干比美洲貂更粗、更壮，甚至更“肥胖”。从考古点的海貂骨骼分析和捕猎者的陈述中可以得知，这是一种海洋动物。因此，它们的身体能适应水下的生活，即掌上有蹼。海貂掌和爪的具体结构如何，我们不得而知，但它们肢体的骨骼很脆弱，因而不能长时间停留在湿润的土地上。

海貂是一种完全生活在海洋环境中的动物。它们是游泳好手，比起有沙滩的地方，它们更喜欢生活在有许多岩石峭壁的海边，并且大部分时间都在海水里度过。海貂的分布区域从北美大西洋沿岸、新英格兰地区（马萨诸塞州、新罕布什尔州、缅因州）一直延伸到加拿大的沿海省份（新不伦瑞克省、新斯科舍省），可能在纽芬兰也有分布。1758 年，加拿大动物学家托马斯·佩南出版了《北极动物》(*Arctic Zoology*)一书，在其中描述了一种在加拿大沿海广泛分布的不知名哺乳动物。他写道：“菲普斯先生和其他人在纽芬兰见到了一种奇怪的动物，它的身体像煤一样乌黑发亮，体型比狐狸大，脸像兔子，四肢长，尾巴很长且尾毛浓密。有个人之前也见过五只这样的动物和它们的孩子待在岩石上，就在一条河流的入海口。它们常常潜入海水中抓鳕鱼，并喂给自己的孩子们。当它们发现附近的人时，就会全部潜入水中，并观察着人。一位老猎人回忆道，这种动物的一张皮就可以卖到 5 几尼[1]。”虽然这一描述也很符合这一区域十分常见的北美水獭（Lontra canadensis）[2]，但佩南非常了解北美水獭，他在书中的其他部分对其也有描述。

海貂的食量很大，食物完全来源于海洋。它们是机会主义者，以自身利益为主，虽然主要吃鱼类、软体动物和海鸟，但也会吃海鸟蛋和小海鸟。它们生活的环境似乎全年食物丰富。冬季时，海貂还会在拉布拉多鸭（1878年灭绝）的群落中觅食，它们会大量捕食这种鸭。实际上，在冬季，拉布拉多鸭会到北美西部沿海活动，从新不伦瑞克直到切萨皮克湾都有它们的踪迹。

人们很难观察到海貂。海貂习惯在夜间单独活动，并且正如我们刚才提到的一样，它们大部分时间都待在海水中。因此，我们完全不知道它们的具体活动，只知道这种鼬科动物的领地性很强。雄性之间尤其好斗，会以凶猛的姿态保护自己的领地。它们的领地绵延数千米，通常在河口或海岸附近的水域。一只雄性海貂的领地上可以同时生存好几只雌性，但雄性却几乎从来不会踏上其他雄性的领地。

同样，我们对海貂的繁殖情况也了解甚少。春季时（4月-5月），一只雄性海貂可能会与多个雌性海貂交配，海貂

① 几尼，英国旧金币。5几尼约为21先令。

② 北美水獭是北美洲的特有物种，生活在河流、湖泊和海湾中。

的孕期为 34 天（不包括受精成功之前的时间，这一时间最长可达到 70 天）。小海貂刚出生时，眼睛看不见，身上没有体毛，母貂会将 5～10 只刚出生的小海貂抱在怀里。这些小海貂会和母貂一起生活 13 周至 14 周，然后离开母貂的庇护，沿着海岸流浪。这期间，年轻的海貂死亡率很高，因为在寻找新领地时，它们会闯入其他成年雄性海貂的领地，从而被追捕、受伤甚至死亡。

在美国（马萨诸塞州、缅因州）和加拿大（新不伦瑞克省、新斯科舍省和纽芬兰地区），从美洲印第安人的贝壳掩埋场找到的骸骨中可以看出，当地人食用海貂肉，也很可能用海貂的毛皮做衣服。同样的，我们可以想到，他们一般在夏季去沿海捕猎，冬季时带着猎物回到内陆（捕猎点距内陆 20 多公里）。1962 年，美国考古学家在一个葬礼仪式点发掘出一些海貂的亚化石。我们可以推测，海貂曾经是一种被尊崇的甚至是神圣的动物。这些亚化石海貂死于欧洲人到来之前，从其中的碳 14 含量可推断，它们已有 5000 年的历史。然而，人们并不认为是当地人捕猎海貂导致了它们的灭绝，这甚至完全不是引发海貂灭绝的因素。实际上，是欧洲人导致这种鼬科动物完全绝迹。海貂的皮毛比美洲貂更优质，也更珍稀，捕猎者十分热衷于寻猎它们。例如，缅因州的毛皮商人能辨认出海貂的大毛皮，并出高价买下它们。因此，捕猎美洲貂和海貂的猎人就更倾向于捕捉海貂。当时，海貂原本就数量不多，这种毫无节制的猎杀使它们的处境雪上加霜。1860 年至 1870 年间，新英格兰地区的海貂灭绝。1874 年，可能是仅存的最后几只海貂在加拿大芬迪湾被杀死。但有资料显示，1880 年，有人在缅因湾的一个岛上捕捉到了一只海貂，随后，一个当地毛皮商人买下了它的毛皮（或整只海貂）。也有人说，1894 年，有人在坎波贝洛岛（加拿大新不伦瑞克省）活捉了一只海貂，然而这只加拿大动物的真貌并不能得到确认：可能是一只海貂或美洲貂。对此，疑问一直存在。

与斯特拉海牛一样，欧洲和北美猎人的捕杀加速了海貂的灭绝，但还需要加上另一个因素。实际上，我们刚才提到，冬季时，拉布拉多鸭会来到海貂生活的区域，而海貂则以这种鸭的肉为食。对海貂来说，这是维持生存所必需的食物。19 世纪 60 年代，拉布拉多鸭的数量骤减；1871 年，加拿大（芬迪湾）的拉布拉多鸭灭绝；1878 年，美国（纽约州埃尔迈拉）的拉布拉多鸭灭绝。食物来源消失，必然促使北美大西洋沿岸的海貂也走向灭绝。

如今，海貂的遗骸十分稀少。过去人们收集的海貂中，没有一只被用作科学研究。我们现在仅有的一些骨骼来自美洲印第安人贝壳掩埋场的考古发掘，因此这些骨骼都是分散的碎片，现存于美国的几个自然历史博物馆中。至于上文提到的，1894 年在坎波贝洛岛抓到的海貂，则完全不知踪迹。它也许被保存在某个地方，在房屋的阁楼中，抑或成了一件旧的海貂皮大衣。

如此思绪万千之后，我现在很确信，1983 年 9 月，我在圣劳伦斯湾沿岸见到的那只貂不是海貂，而是一只美洲貂。

加勒比海：僧海豹的悲歌

在大西洋上航行了数周后，舰长克里斯托弗 · 哥伦布（1451—1506）带领第二次远航探险队的 17 艘船，终于到达了新大陆的海岸附近。1494 年 7 月末，在这伟大的时刻，这位热那亚航海家看见了阿尔塔维拉群岛的海滩，就在海地岛南边的圣多米尼加附近。他们在海上放下了一条小艇，1200 人探险队中的几个人离开大帆船，坐上小艇，去陆地寻找充足的水和水果。他们到达岛上后，发现这块土地位于一片青绿色的汪洋之中，周围有许多海豹，他们很快称这些海豹为“Lobos del Mar”，意思是“海狼”。这些海豹很容易接近，船员们杀了 8 只并把它们带到岸边，作为加餐。从船员们捕杀这几只加勒比的海豹时起，就启动了这一物种走向灭绝的倒计时。

1849 年，在哥伦布发现新大陆的三个世纪后，英国动物学家约翰 · 爱德华 · 格雷第一次描述了这种生活在美洲大西洋热带海域的奇特海豹。他的描述基于一块从加勒比海带回来的海豹皮和一块奇异的颅骨，而这块颅骨后来被证实属于另一种鳍足目动物：冠海豹[1]。1850 年，格雷完善了他的描述，给出了这种海洋哺乳动物的更多信息。此后，加勒比僧海豹便进入了动物学分类，有了多种名字。不幸的是，加勒比僧海豹第一次被科学描述时，就已经处境危急了。人们疯狂地捕杀它们，到 19 世纪中叶，没有人知道加勒比海还存活着多少只僧海豹，其数量在急剧减少。在哥伦布第一次发现加勒比僧海豹的 5 个世纪后，就在 1952 年，它们成了世界灭绝动物名录上的一员。

加勒比僧海豹（Monachus tropicalis，命名人：格雷，1850）是唯一生活在北大西洋热带和亚热带海域的海豹，它们是僧海豹属的三种海豹之一。现在，所有僧海豹都濒临灭绝：地中海僧海豹正走在它们的近亲——加勒比僧海豹的灭绝道路上，而夏威夷僧海豹也无法幸免，它们同样岌岌可危。僧海豹的外形几乎都一样，躯干粗壮，头部又圆又大，吻部短且末端扁平，上唇突出翘起。与头部相比，它们的眼睛大而圆。在陆地上时，加勒比僧海豹视力较差，它们很难辨识 30 多米外的人类。加勒比僧海豹的前后鳍较短，背部表皮为灰褐色或深灰色，腹部颜色较浅，为淡黄色或黄灰色；有的腹部为带些浅黄的白色，或布满深色的斑点。幼年海豹的肤

---

① 冠海豹（Cystophora cristata，命名人：埃尔克斯勒本，1777）主要分布在北极及其附近地区。

色比成年海豹的要浅，新生的小海豹身披黑色绒毛。有的海豹毛皮上覆盖着海藻，使它们的皮肤看起来呈暗绿色。一些雄性海豹的身体上有牙印，使人想到它们可能在繁殖季节时彼此打斗撕咬。关于它们的体长和体重，我们所知的信息很少。它们体长可能在 2.1~2.44 米之间，而唯一有体重记录的是一头怀孕的雌性海豹，这只海豹体长 2.11 米，重 160 公斤。加勒比僧海豹的表皮下有脂肪层，相较于其他季节而言，这层脂肪在秋末（11 月和 12 月）尤为重要。在加勒比海，僧海豹的脂肪油是唯一能被人大量获取的资源，这一物种也因此走向了灭绝。

对于加勒比僧海豹，我们拥有的鲜少信息来自航海者和岛民，而最主要的来源则是猎人。严格意义上讲，科学家们并没有研究这种海豹。与其他鳍足目动物一样，加勒比僧海豹是一种群栖动物，它们会成群结队地躺在沙滩上，群体从 10 多只到 500 只不等。雌性僧海豹数量似乎比雄性多，它们一胎生一只，但不会每年都生育小海豹，12 月是它们产子的高峰期。它们的寿命在 20~30 年之间。加勒比僧海豹会和一些热带海鸟共享地盘，如丽色军舰鸟（Fregata magnificens）、王凤头燕鸥（Sterna maxima）、鲣鸟（Sula sp.）和一些鸽子。加勒比僧海豹身上有很多寄生生物，尤其是在鼻孔中。人们发现，寄生在加勒比僧海豹上的一种美洲螨，也和僧海豹一同灭绝了。加勒比僧海豹不太胆小，也不具有侵略性，因此人类可以轻而易举地接近它们。当人类接近海豹群时，僧海豹们就会静静地看着人类，有些海豹还会移近几米，然后继续睡觉。人类接近到 2 米之内时，它们便会醒来并潜入水中，只要人类还在沙滩上，它们就不会返回陆地。加勒比僧海豹在陆地上没有自然的天敌，然而，猎人却能轻易捕捉它们，并兴高采烈地猎杀这些海豹！

加勒比僧海豹生活在海边，常常会到一些孤岛的沙滩上休憩。它们会在暗礁附近游动，在佛罗里达礁岛群和浅水海域活动。它们很少待在岩石上，有时会躲避在洞穴中。加勒比僧海豹灭绝前的 5 个世纪，它们的分布区域曾十分广泛。从巴哈马群岛东部和尤卡坦半岛直到加勒比海，都有它们的踪迹。20 世纪初，有人疑似在得克萨斯沿海发现了一头僧海豹的化石，但动物学家们对此存有疑问，因为这只动物远离了僧海豹的主要分布区域。很多人认为这是一头从动物园或马戏团逃出来的加州海狮。然而，通过对它的骨骼化石分析，人们确认了这是一头僧海豹。人们认为，在更新世（170 万~70 万年前）时，加勒比僧海豹的分布区域更加广泛。后来，人们在佛罗里达和南卡罗来纳（查尔斯顿）的更新世岩层中发现了许多这种海豹的亚化石骸骨。距今年代比较近（全新世初期）的考古发现显示，加勒比僧海豹曾出现在佛罗里达（4000~500 年前）、波多黎各岛（700~510 年前）、荷属安的列斯群岛（1400~1100 年前）和委内瑞拉附近的库拉索岛（3820~1600年前）。现在，加勒比僧海豹已经完全灭绝，只剩下一些与僧海豹有关的岛名和地名，提醒着我们这种海豹的古老存在，例如海豹礁岛、海豹岛、海豹礁、狼岛、狼礁等。这里只列举了其中几个地名。

2008年，英国海洋学家洛伦·麦克拉里琴和安德鲁·库珀曾估计，加勒比僧海豹的最初数量（克里斯托弗·哥伦布发现时）为23.3万~33.8万只，它们本来远远不会灭绝。然而，到底发生了什么?！

为了维持生存，僧海豹群体需要大量食物。显然，热带和亚热带海域的鱼类比寒带水域的鱼类少很多，因此大多海洋哺乳动物都分布在寒带水域。据估计，一头成年加勒比僧海豹每年需要食用约245公斤的鱼类，幼年海豹则需要50公斤。英国研究者曾计算过，由于加勒比僧海豹群体数量庞大，为了维持它们的生存，加勒比海的鱼群数量曾是现在数量的4~6倍。但加勒比僧海豹并没有导致礁岛的鱼群大量减少，因为在鱼群减少之前，僧海豹就已经灭绝了！

即使没有任何证据能够证明，但我们依然能猜到，在加勒比海亚热带水域广泛分布的鲨鱼是僧海豹不可忽视的天敌。此外，在夏威夷群岛，虎鲨（Galeocerdo cuvier）也经常捕食僧海豹。在大西洋的亚热带海域，这种鲨鱼广泛分布，它们很可能喜欢捕食加勒比僧海豹，但鲨鱼的捕食并不足以造成僧海豹走向灭绝。

毫无疑问，人类是加勒比僧海豹灭绝的最主要因素。哥伦布发现僧海豹近 30 年后，1520 年，一些在海上遇难的西班牙人在古巴的阿雷赛夫·维博拉发现了“海狼”；1524 年，他们在墨西哥的狼岛同样发现了这种动物。为了生存下来，他们捕杀僧海豹以充饥，从而免于饿死的境地。从 17 世纪起，捕猎者将僧海豹作为猎杀目标，主要是为了获取它们的海豹油，此外也会获取它们的肉和毛皮。一头 4 个月的幼年雄性僧海豹（体长 1.27 米）可以提供 15 升海豹油，一头成年僧海豹则可以提供 76~114 升海豹油。英国航海家汉斯·斯隆在 1707 年写道：“巴哈马群岛上满是海豹，有时候，渔民一晚上可以抓到一百多只。”17 至 20 世纪初，人们毫无节制地捕杀甚至屠杀加勒比僧海豹。

当动物学家格雷开始描述加勒比僧海豹时，它们的种群数量已经骤减，快要灭绝了。19 世纪末，加勒比僧海豹已经是稀有品种。很快，在世界上的这一海域，它们连稀有也算不上了。1922 年 3 月 15 日，在佛罗里达的基维斯特岛附近，一个渔民发现了一头僧海豹，然后立即杀死了它。这是人们在美国沿海遇到的最后一头僧海豹。1949 年，在世界自然保护大会上（由 IUCN[①] 举办），科学家们将加勒比僧海豹列入

① IUCN，全称为 International Union for the Conservation of Nature，即世界自然保护联盟。

14 种需要紧急保护的哺乳动物名单中。三年后，美国人刘易斯在牙买加和尤卡坦之间的塞拉尼拉礁附近发现了一小群加勒比僧海豹，这也是人们最后一次看到它们。当然，这几只海豹被保护了起来，但它们的数量太少，不足以使整个种族延续下去而不灭绝。

1949 年至 1997 年间，美国政府（美国鱼类及野生动物管理局、美国海洋哺乳动物委员会）和加拿大政府（加拿大渔业及海洋部）组织了许多次海上和空中行动，以搜索加勒比僧海豹曾经的活动区域，但都无果而终。1996 年，IUCN 的海豹专家组最终决定将加勒比僧海豹列入灭绝物种名录中。2008 年，经过 5 年的海上搜寻无果后，美国国家海洋和大气管理局（NOAA）终于确认，这种僧海豹已经灭绝。

然而，一些渔民、划船爱好者和船员依然声称见过这种海豹，虽然他们见到的个体体型更小，但它们圆形的头部和僧海豹一样。于是，人们开展了实地考察，最终在加勒比海发现了几只海豹，但它们是一些幼年冠海豹。它们出现在大西洋西北部温暖的亚热带海域显得十分奇怪，因为冠海豹生活在北极及其附近海域。冬季时，冠海豹通常会在加拿大附近的浮冰上（圣劳伦斯湾）产子。可能的推测是，这些浮冰上的幼年冠海豹向南漂流，随后在美国大西洋沿岸迷失方向，最后来到了加勒比海。1919 年至 1996 年，早已有人在加拿大和加勒比海之间的美国沿海见过冠海豹。1997 年至

2007 年，人们在南卡罗来纳和波多黎各 · 安提瓜发现了 22 只冠海豹。2007 年，有人甚至在大西洋东北海域的直布罗陀海峡见过一只冠海豹。

回到我们所说的加勒比僧海豹上来，情况就是大多数僧海豹都被捕杀了，只有 18 只被活捉并送到了动物园。1867 年，纽约水族馆接收了 11 只僧海豹，其中有一只为雌性，它活了 5 年半的时间。这是人工养育记录中存活时间最长的一只。通常，这种海洋哺乳动物非常不适应人工环境，大多数僧海豹只存活了一周到两年，存活时间长的僧海豹则给饲养员们带来了欢乐。据纽约水族馆的工作人员说，这种海豹很容易直立起来，并且十分聪明，喜欢和人们玩耍。

一些博物馆收藏有加勒比僧海豹的标本。英国自然历史博物馆存有一个僧海豹标本（海豹皮），动物学家格雷对加勒比僧海豹的描述就来自于此。其他大部分标本都源于 1886 年 12 月威廉 · 海斯 · 沃德在三角礁岛群（墨西哥坎佩切湾）屠杀的 49 只加勒比僧海豹。他取了 34 张海豹皮，把其中一些卖给了荷兰商人弗兰克，后者则将这些海豹皮转手卖给了一些科研机构，如莱顿自然史博物馆。

加勒比僧海豹曾经广泛分布在加勒比海，而仅在 6 个世纪内，人类就毁灭了这一物种，只剩一些标本了。加勒比僧海豹的灭绝是一个悲剧，人类应该从中吸取教训，努力保护其他物种和它们的生存环境。

日本最后的海狮

在纪录影片《海洋》（*Océans*）[①] 中，雅克·佩兰和雅克·克吕佐介绍了历史上消失的一些海洋动物，如斯特拉海牛、加勒比僧海豹和白鳍豚（Lipotes vexillifer）等。其中一种动物曾经一直不被人注意，究其原因，是因为直到最近，科学家们才意识到这是一个不同的独立物种。它就是日本海狮。

长期以来，人们认为这种海狮是加州海狮的亚种，在动物分类史上，也曾经将其归为加州海狮亚种（Zalophus californianus californianus，命名人：莱松，1828），也有学者将其归为科隆群岛海狮亚种（Z. c. wollebaeki，命名人：西韦特森，1953）或日本海狮亚种（Z. c. japonicus，命名人：彼得斯，1866）。20 世纪 50 年代，当日本海狮在亚洲海域灭绝时，并没有引起动物学家们的警觉，因为人们认为在北太平洋依然生存着其他种群的加州海狮。只是一个亚种灭绝了，但另外两个亚种依然活着，人类的名誉没有受损。

2003 年，通过基因研究，人们发现日本海狮与加州海狮、科隆海狮不同，它们完全是一个独立的物种。随后，许多科

① 这部电影的同名图书，参见弗朗索瓦·萨拉诺（F. Sarano）、斯特凡娜·迪朗（S. Durand）：《雅克·佩兰谈海洋》（*Jacques Perrin présente Océans*），塞伊出版社（Le Seuil），2009 年。

学家都支持了这项研究。2005 年，美国科学家沃曾克拉夫特予以支持；2007 年，德国科学家约亨·沃尔夫、迪特哈德·多茨和弗里茨·特里尔米希通过基因研究加以支持；2007 年，日本动物学家坂平文博和新美伦子也做了相关研究。这些基因研究都证明了这种海狮是一个独立品种。

1866 年，德国动物学家、柏林自然历史博物馆馆长威廉·彼得斯描述到了日本海狮。这种海狮的外形像加州海狮，它们体态优雅，身形修长，呈流线型，吻部末端像狗的吻部。日本海狮中，雄性比雌性体型更大，体重更重，脖颈更粗壮，鬃毛更长。雄性性成熟时，头部中间会出现冠，老年日本海狮的冠会更突出。雌性日本海狮的头部较小，头顶表面比较平直。日本海狮的体型比加州海狮更高大健壮。雄性体长可达到 2.3 米，甚至 2.5 米，体重可达到 450 公斤，甚至 560 公斤；雌性的体型较小，体长可达到 1.64 米。雄性的表皮为深灰色，接近黑色，有时也会是深褐色，而雌性的肤色则稍浅些。通过基因研究，我们现在已得知加州海狮和日本海狮有共同的祖先。在距今 220 万年的上新世，这两种海狮开始分化。

日本海狮主要生活在沿海，它们很少在远离海岸的地区活动。人们从没见过日本海狮出现在距离海岸 16 公里之外的海域。它们一年中的大部分时间都在沙滩上休憩，有时也会待在岩石上。这种海狮也十分喜爱洞穴。它们会在坡度较缓的海滩上产子，但遗憾的是，我们没有任何关于它们繁殖活动的资料。日本海狮是西北太平洋地区的特有物种，分布在从库页岛到朝鲜半岛南部（直到中国的东海）的日本海。此外，从西北太平洋群岛到堪察加半岛最南端（洛帕特卡角）的沿海区域，都有它们的踪迹。从一些日本地名中，我们可以看到日本海狮曾经存在的痕迹。例如，日本有一个满布岩石的岛屿，名为 Ashiwa-iwa（意思是“有海狮的岩石”），另外还有一个岬角名为 Inubosaki（意思是“狗叫的”岬角）。

在 1866 年彼得斯第一次写到日本海狮前，这种海狮就已经为人所知了。在绳文时代（公元前 14000~公元前 400 年）的贝壳肥料堆中，人们发掘出大量日本海狮的骨骼。在寺岛良安编纂的日本百科全书《和汉三才图会》（*Wakan Sansai Zue*，日文书名为わかんさんさいずえ）中，也有关于这种海狮的记载。这本书中写道：“它的肉不好吃，只能用它的油来点油灯。”书中也配有注释图片，画了两只日本海狮。人们捕杀日本海狮，也是为了获取它们的触须和内脏。人们将它们的触须用作剔除鸦片烟管里烟垢的工具，它们的睾丸则被中国医师用作药材。20 世纪初，有人甚至活捉日本海狮，把它们送到马戏团和动物园。

我们很难估计，在人们捕杀日本海狮之前，它们最初的数量是多少。但我们能大致估算出它们在 20 世纪时的数量，尽管不是非常准确。根据日本渔业部门的统计，在 20 世纪初期，西北太平洋海域的日本海狮数量可能在 3200 只左右。1915 年，这一数量骤减到大约 300 只；到了 20 世纪 30 年代，就只剩下 12 只左右了。总体而言，由于渔民的拖网捕鱼活动，大约有 1.65 万只日本海狮被活捉或被捕杀，这一数量足以导致它们灭绝。第二次世界大战中，韩国士兵完全无视这一问题，将这种海狮作为射击训练的对象。一些动物学家认为，二战时的海下作战使这一地区的海狮数量急剧减少。我们也无法确定日本海狮灭绝的准确时间。有人提出，最后的日本海狮（大约 50～60 只的一小群海狮）可能是 1951 年被发现的，一个韩国海岸警卫员在利扬库尔岩（韩国称独岛，日本称竹岛）看见了它们。1974 年，有人在北海道北部的礼文岛抓到一只小海狮。一些动物学家认为这是一只日本海狮，另一些人则认为这是一只从动物园或马戏团逃出来的加州海狮。

北大西洋灰鲸的灭绝、最后的斯特拉海牛和北太平洋日本海狮遭受的屠杀，人类对海貂毛皮的贪婪与疯狂与加勒比僧海豹的消失，无一不在告诫人类应该采取严厉的措施来保护物种。一旦了解到某一物种数量在减少，就应立即做出反应，不仅要保护它们，而且要研究并保护它们的生活环境。因此，各国相关研究机构应相互合作，以全面了解濒危物种面临的威胁因素。人类应当从斯特拉海牛、海貂、加勒比僧海豹和日本海狮的消失中吸取教训，更好地保护其他濒危物种。不幸的是，人类十分健忘，正如我们在下一章中将看到的，人类还在重复着众多错误，而长江发生的悲剧仅仅是其中之一。

第 3 章
21 世纪的长江悲剧

长江上，太阳刚刚升起。我在铜陵港登上了一艘老旧的中国军舰。这艘军舰呈灰绿色，全长 30 米左右。舰长头戴黑色的帽子，上面点缀着标志性的红星，正自豪地巡视着操舵室的船员们。船员们注视着我，向我投来好奇的目光。此时是 1987 年 9 月，来这儿的外国人还很少。我和李月敏、周开阳、高安丽和孙江等博士们一起来到了船头。孙江博士去了操舵室回来，穿上了一件厚重的军大衣。他告诉我，穿上军大衣会更稳妥些。当然，我得到了住在铜陵的许可，而且还能随中国军舰在长江上航行。我们将会遇到大量渔船，为了不引起沿江居民和渔民的好奇，航行时不引人注意显然才更谨慎。

我们离开了江岸，向着东边的南京出发。天气阴沉，而且非常寒冷。我们每个人都观察着船的其中一个方向。我盯着正前方，李博士盯着左舷，周博士盯着右舷，高博士盯着正后方。此时的江水呈灰褐色，水面下的能见度只有十几厘米。

出发两小时后，我们在船前方的江面上发现了两只露出的背鳍。我们都抛下自己的岗位，围到前方来观察并辨认这些鲸类。它们在水中消失了，但又必须时不时浮出水面呼吸。突然，我们看到了其中一只的脑袋，然后是它的背部，接着，我们又看到了另一只的头部和背部。我们白紧张了，这是一只露脊鼠海豚，而不是长江江豚（白鳍豚）。白鳍豚依然十分罕见。周博士估计白鳍豚的数量在 300 只左右，并且分布在扬子江 1600 公里的河段。这一整天，我们只看到了这种露脊鼠海豚，而没有看到一只白鳍豚。我们一无所获地回去了，可以肯定的是，白鳍豚已经濒危，没有人知道它们什么时候会灭绝。

那次巡航后，时隔 20 多年，我在加拿大电台里听到，和我们曾说过的情况一样，再也没有人见过这种江豚。我担心的事情还是发生了。电台的主持人提到，这种江豚很可能已经灭绝，并说了一句深深烙印在我脑海里的话："中国失去了一部分灵魂。"为了理解这句话，我们不得不说到长江，说到它的神话，以及埋在这条亚洲大河中的许多生态问题。

长江：被污染的神奇大河

中国的国土面积居世界第三（964.1144 万平方公里）[1]，

---

① 中国的国土面积仅次于俄罗斯（1700 万平方公里）和加拿大（998.467 万平方公里）。

水道和湖泊众多。在中国5万多条河流中，有1600条河流的流域面积超过1000平方公里，79条的流域面积超过2万平方公里。中国最主要的两条河流是长江和黄河（黄河全长5464公里，流域面积为75.2443万平方公里）。长江[①]是世界第三大河，仅次于亚马孙河[②]和尼罗河[③]。它全长6300公里，有700多条支流，流域面积达180万平方公里，占中国总面积的19%。这条雄伟的大河发源于海拔6621米的各拉丹冬峰（青海省的唐古拉山脉），随后流经西藏、云南、四川、湖北、湖南、江西、安徽和江苏等省、自治区，最后注入靠近上海的东海。在长江的入海口，每年有1.05万亿立方米的河水注入海洋中，并带走沿岸上千吨河泥。

从历史和文化的角度看，长江对中国人来说十分重要。实际上，这条河流可以被看作是中国国家或文化的核心。因为就在长江以南几千米，更具体地说是在龙骨坡，人们发现

---

① 长江有很多名字。在汉语中，人们称它为扬子江和长江，扬子意为"海洋的子孙"，长江意为"很长的河流"。在藏语中，长江被称为直曲，意为"母牦牛河"，也被称为玛曲（意为"红河"）和当曲（意为"沼泽河"）。

② 亚马孙河全长6650公里，共有1000多条支流，流域面积达到695万平方公里，占南美洲总面积的40%，亚马孙河流量占世界淡水河流入海流量的18%。

③ 尼罗河全长6650公里，流域面积为325.4555万平方公里，约占非洲总面积的10%。

了中国最早的原始人遗迹。这些以牙齿为主的骨化石已有 190 万年的历史。中华文化的起源却在长江以北，即黄河流域商朝的青铜文明，中国最早的文字也起源于此。3 世纪时，蜀国地域的中心就是长江，很多地方都留下了这一时期君主和将士们战斗的痕迹。唐朝（618—907）是中国艺术的黄金时代之一，许多长江沿岸的城市都是文化中心。唐朝的一些伟大诗人，如李白和杜甫，就住在长江沿岸，他们的精神永存于作品之中。

在至少一个世纪的时间里，这条雄伟的大河十分具有象征意义，却是世界上污染最严重的河流之一。在 20 年的时间里，中国一直在发展经济，而长江很不幸地也发生了变化。中国成为世界第二大经济体，同时也成了世界上污染最严重的国家之一。中国现在有 13 亿多人口[①]，占世界总人口的 22%，但水资源总量却只占世界总量的 8%。在流经中国城市的河流中，四分之三的河流都受到污染，人们不能饮用河水，也不能从河里捕鱼[②]。河岸上充斥着各种工厂。据估计，每年有近 2 万吨的重金属被排入河流中，它们汇集到港湾中，随后注入海洋。联合国宣布，长江和黄河的沿岸港湾已成了

---

① 这里是 2014 年的数据。——译者注

② 中国是世界上水污染最严重的国家之一，但中国也同时是最大的“食用”鱼类供应商。

“死湾”：在这些淡水中，有的水域甚至没有任何生命存在。每年春季，在上海边上的东海，海藻都会大量繁殖，其中很多还带有麻痹性毒素。2005 年，沿岸海域发生了 82 次赤潮，影响到沿岸地区，甚至延伸到了台湾。现在，人们认为长江三角洲是太平洋最严重的污染源。

世界上 10%的人口[①]都居住在长江流域。这里污染严重。河水中遍布各种垃圾：破碎的家具、狗和猪的尸体、塑料袋等。2009 年，在重庆和三峡大坝之间的区域，人们打捞起了大约 40 万吨浮在水面上的垃圾，而这一打捞过程需要 33895 人和 7687 艘清漂船完成。万州环卫清漂队曾说出了一个惊人的记录：仅仅一天就打捞起了 200 吨垃圾。这些垃圾相当多，甚至可能阻碍大坝的运行。因此，2009 年，正值三峡大坝蓄水期时，曾经因为大量垃圾堆积，大坝暂时停止蓄水。在重庆，有的居民甚至习惯于把长江当作垃圾场。

尽管河面上到处都是垃圾，但长江的水运依然十分重要。长江上各处都有货船、驳船、渔船、小艇、横渡船和其他各种大小和形状的船只。2006 年，科考船出发寻找白鳍豚，在

① 长江流经11个省，近200个城市，其中23个是特大城市，如镇江（100 万人口）、荆州（150 万人口）、芜湖（200 万人口）、南京（740 万人口）、南通（770 万人口）、武汉（940 万人口）、上海（1940 万人口）和重庆（3180 万人口）。

宜昌和上海之间航行了1669公里，途中，科考队员们遇到了19830艘货船、1175艘渔船，平均每100米就有一艘船。长江的污染非常严重，成千上万的鱼类死亡，有时，它们的尸体闻起来甚至像有一股煤油味。

长江的污染不仅是由工业活动所引起的，而且也是由小型的家庭生产活动所导致的。例如，在三峡地区的20个县里，人们最基础的生产活动还是小规模粮食种植和家禽家畜饲养。中国政府曾统计，这些家庭平均每公顷使用547公斤肥料，而这些污染性的化肥或早或晚都流入了长江。中国人口总量巨大，使用的化肥量也非常多。现在，三峡地区的人口密度达到了每平方公里348人，是全国平均人口密度的2.6倍。据重庆流动人口管理办公室统计，在重庆市靠近水库的地区，人口密度甚至达到了每平方公里430人。显然，当地环境和自然资源的承载力有限，无法容纳这么多人口。

由于以上各种因素的影响，长江的污染深刻地影响了鱼群，进而影响了渔业。长江流域是中国淡水渔业的重要产区，占全国淡水鱼总产量的65%，如今的渔业却因长江污染而深受重创。1954年，长江的鱼类捕捞量为45.8万吨，到20世纪70年代，每年平均捕捞量仅为20万吨，而如今，每年捕捞量只有10万吨。许多渔业相关产业都受到了捕捞量下降的影响，如中国鳀鱼（又称凤尾鱼）产业。20世纪70年代，凤尾鱼平均年产量约为4万吨，而到了20世纪80年代，平均年产量只有115吨！沿江居民经常捕捞的另一种鱼类是鲥鱼，20世纪70年代时，鲥鱼年捕捞量为500~1500吨，而现在，年捕捞量只有10吨左右。另外，河豚也是长江的代表性淡水物种之一。美食家们十分喜爱美味的河豚，而最近15年，河豚的捕捞量急剧下降。在捕捞季节（初冬），河豚产量从1997年的5595只下降到了1999年的3000只。到2000年，产量只有273只；2001年时，仅捕获了34只。如今，我们可以确定，这两个物种在逐渐灭绝。总之，整个长江的鱼类产量（包括所有种类的鱼）在急剧减少。长江曾经有过大繁荣时期，当时各种鱼产量丰富，能满足全国人民的需求，而如今，长江的渔业现状已远远不如从前。

现在，长江生物多样性还面临着另一个新威胁：大坝建设。中国政府准备在石鼓镇下游2.4万公里以内的河段建设14个以上的水电站。现在，葛洲坝和三峡大坝已投入使用，溪洛渡和向家坝水电站也即将完工。这些水电站中，最重要的是三峡水电站。它位于长江上游山地和长江中游平原的交界处。在长江三峡下游和葛洲坝上游之间，这一河段的长江流量达到了每秒14300立方米。三峡大坝的第二闸是世界最大的水坝和水力发电站，装机容量为22500兆瓦。这座大坝是中国政府的骄傲，但它的代价又是什么呢？

我们知道，建设大坝会严重影响河流的生态环境：大坝切断江河，阻止动物迁徙，扰乱生态系统，因而会减少生物的多样性。科学研究的结果十分明确：过去100多年里，在世界9000种淡水鱼类中，有20%的鱼类灭绝或濒危，而建设大坝是最主要的原因[①]。例如，建设三峡大坝后，河水流速大大放缓，水位变高，水中生物的食物链和营养结构发生了变化。长江中生活着40多种鱼类，而这种变化对其中25%的鱼类造成了巨大危害。据荆州市中国水产科学研究所鱼类学家的研究显示，这些鱼类无法适应环境的改变或栖息地的流失。在未来一个世纪甚至几年内，许多鱼类都会绝迹。另一个例子便是葛洲坝。葛洲坝建于1981年，这座大坝阻碍了中华鲟（Acipenser sinensis）的溯洄路线，对它们的数量造成了严重影响。尽管中华鲟将产卵地移到了大坝下游，但它们的数量依旧在锐减。中华鲟和长江刀鱼的溯洄路线被大坝阻碍，等待它们的将是一个不确定的未来。这些物种的消失将是全世界的一大损失。

每天，雄伟的长江都在逐渐衰弱。最近，一项首次对长江环境开展的全面研究显示，长江有600公里的河段处于危机状态。一些中国科学家预言，未来5年或6年内，长江70%的水源都会被污染。每年有250亿吨废水排放到长江，而其中80%都没有被处理过。长江沿岸居民高发的胃癌和食

① 由于建设大坝，德国75%的淡水鱼类、美国40%的淡水鱼类都受到了影响。

道癌就是由江水污染所致，一方面是由于居民食用长江的水产鱼类，另一方面是由于当地居民饮食会使用长江水。人类活动对长江生态造成的影响是不可逆转的。

长江环境被污染，微生物在波涛中繁衍发酵，而长江的淡水动物群就生活在这里，包括白鳍豚。

淡水动物种类丰富，却濒临灭绝

从童年起，我想象里的中国就充满着奇异而神秘的动物，这些动物几乎都是我的幻想。对我而言，中国首先是龙的国度，然后才是“中部帝国”[①]。1987 年，我在中国旅行了六周后，想法有了变化，我不再幻想龙，但我发现了其他更神秘的动物。它们生活在或者说曾经生活在长江中。然而，大多数都濒临灭绝（或已经灭绝）。

据中国生物学家的记录，长江有 378 种鱼类，占中国河流湖泊鱼类品种数的三分之一。其中，338 种是淡水鱼，只生活在淡水中。在这 378 种鱼类中，162 种是长江的特有物种，占中国特有物种（265 种）的 60%。长江其他一些标志性物种则直接受到了过度捕捞和污染的威胁，如中华鲟、长江鲟（又名达氏鲟，Acipenser dabryanus）、白鲟（Psephurus

① “中国”的汉语拼音意为“中部的国家”，法语翻译成“中部帝国”。

gladius)、胭脂鱼(Myxocyprinus asiaticus)、川陕哲罗鲑(Hucho bleekeri)、鲈鳗(Anguilla marmorata)和松江鲈(Trachidermus fasciatus),中国政府把这些物种都列入了水生动物保护名单中。不幸的是,其中有些物种已经濒危,甚至灭绝。它们之中,白鲟鲜为人知。同样的,水生爬行动物也不幸地受到了人口过剩、工业发展和栖息地破坏的影响。扬子鳄(又名中华短吻鳄,Alligator sinensis)和其他长江特有物种也命运堪忧,扬子鳄已被归入“濒危”级别。安徽一个繁育中心有1万只扬子鳄,另外,世界其他地方的动物园和研究所也养有200只,主要是美国佛罗里达州圣奥古斯丁的短吻鳄养殖场和法国皮耶尔雷拉特的鳄鱼养殖场。中国人工养殖的扬子鳄数量远远多于野生扬子鳄数量。扬子鳄的境况在好转,但对于该地区一种特有的水生鳖来说,它们的情况却不容乐观,这就是斯氏鳖(又名斑鳖,Rafetus swinhoei)。这种鳖的未来堪忧,人们的所有保护措施都宣告失败:现在全世界仅存活着2只斑鳖!这种鳖甲壳柔软,体长1米,宽70厘米左右,很久以前就生活在长江中,分布在上海附近的长江下游、太湖和中国南方一些支流中。21世纪初,就人们已知的斑鳖而言,世界仅存4只,并且都生活在人工养育的环境下。近年来,其中2只斑鳖已死亡,分别是2005年死于北京动物园和2006年死于上海动物园。所以,现在仅存2只斑鳖,一只是长沙动物园80岁的雌性,一只是苏州动物园

100 多岁的雄性。2009 年，中国爬虫两栖动物学家们把长沙的雌斑鳖送到了苏州，让两只斑鳖一同生活。但它们太老了，它们会繁衍后代吗？是不是已经太晚了？[①]

白鲟、长江鲟、中华鲟、扬子鳄和斑鳖一直面临着种种威胁，这些因素同样影响着长江的淡水鲸类。这些威胁对白鳍豚来说是致命的，并且不幸的是，还可能威胁到长江江豚。

长江江豚

我们离开南京港已经两天了。我们乘坐的这艘渡船往返于南京和武汉之间（距离 700 公里），现在正向西而行，沿着长江河岸缓慢地逆流而上。船上有 100 多名乘客，分散在船的三层。有的人在船的过道上睡觉，有的人在露台边，还有一些幸运儿，比如我，则在船舱里。船舱分为三个等级，三等舱的房间很大，可以睡下十几个人；二等舱要小一些，但可以容纳大约 6 个人；一等舱最小，房间里有 1 个或 2 个床位。从某种程度而言，渡船就像浮在水面的公共汽车，是一种很经济的公共交通方式，大多数中国人都会选择乘船从长江沿岸的一个城市去另一个城市。现在是 1987 年 9 月，天气很热。几天以来，长江上一直笼罩着一层雾，而现在，阳

① 这种运送也具有危险性，因为在这之前，苏州动物园的雄性斑鳖已经杀死了一只雌性斑鳖。

光穿透了这层雾，照射下来。长江两岸间隔约几公里，在浑浊的水上，船只比比皆是。我们已经经过了芜湖、铜陵、贵池、安庆、华阳和鄱阳湖口。江水污染严重，满是垃圾，尽管我在江面观察了很久，但依然没有发现白鳍豚或长江江豚。可我没有失去信心，因为早晚会有鲸类在靠近船只的水面呼吸。今天早晨，雾气散了些，船的前方远处，往西方向，雾气已经消散，我发现了一座圆锥形的奇异山峰，上面有一座寺庙。我们径直驶向这个神奇的地方，它是中国最美的景点之一——小孤山。中国人称它为“孤山”是因为在长江这片水域，这是唯一的高地。这座峭壁单独向外凸出，看起来就像长江北岸向江心伸出的一个舌头。山上生长着许多笔直的竹子，一些白墙灰瓦的建筑物屹立在山坡上，似乎一阵风就会把它们吹倒而滑入江中。正在这时，有事儿发生了。当我们经过小孤山时，两个动物黑色的背部露出了水面，随后立即潜入了水下。几秒钟后，它们再次出现，呼吸得非常谨慎。它们每次浮出水面时，我能看到，它们头部隆起，没有突出的吻部。这是两只长江江豚，我太幸运了！它们每次呼吸会浮出水面四五次，随后潜入水中一分钟，然后继续一系列换气活动。我们的船和它们向同一个方向前进，并超过了它们，彼此距离 50 多米。江水十分浑浊，当它们露出水面时，我甚至看不到它们没入水中的身体。它们似乎不想躲避船只，依旧按原来的方向前进。在途中，它们肯定见过了上百艘船，并且能在水下清晰地听见船的声音，但船只的活动会干扰它们水下的交流和摄食。为了掌握猎物的行动，它们会发出必要的低频信号，但这种信号是否会被螺旋桨的噪音覆盖呢？渐渐地，我们的船远离了这两只长江江豚，继续向着长江沿岸最大的城市之一武汉进发，我们将会在傍晚抵达那里。

直到不久前，长江还是世界唯一一条有两种特有的淡水江豚生活的河流，即长江江豚（见图10）和白鳍豚。几年来，前者一直被认为是一类亚种的中国江豚。与其他鼠海豚科不同，长江江豚没有背鳍，它们的法语和英语名称“finless porpoise”也由此而来。长江江豚取代背鳍的地方是一块隆起

图10　长江江豚

的皮肤，上面有一些小瘤或角质突起，从头部后方一直延伸到尾鳍。对比而言，印度洋江豚的头部大而扁平，长江江豚的头部小而突出。人们常常对长江江豚背部隆起的作用有疑问，直到有渔民见到一只雌江豚把年幼的小江豚驼在背上。也就是说这块隆起的作用是，当小江豚游累了，大江豚就会把它放到背上并抓住它。通常，长江江豚的肤色比其他海中的露脊鼠海豚更深，全身几乎呈黑色。这种齿鲸类动物属于体型中等的鲸类。它们体长 1.5～1.8 米，重 30～45 公斤。和大多数鼠海豚科一样，它们的身体为纺锤状的流线型，头部前方没有喙，前额突出，当它们浮出水面呼吸时，能很清晰地看见它们的前额。中国人给这种鼠海豚取名为“江猪”，意为“江里的猪”，或者“江豚”，意为“江里的海豚”。与海洋里的海豚不同，长江江豚喜欢群居，但它们只会以 3～5 只的小群体来活动。它们很谨慎，因而很难被人观察到。我们对这种江豚的繁殖习性略有了解。长江江豚的怀孕期为 11 个月，雌性会在 3～6 月之间产下小江豚。刚出生的小江豚体长 70～80 厘米，重 7 公斤左右，它们会吃 10 个多月的母乳。鼠海豚科一般生活在沿海，而长江江豚则生活在长江中下游（1600 米左右的河段），有的还生活在鄱阳湖和洞庭湖（及其支流）中。根据世界自然保护联盟的濒危物种名录，印度洋江豚属于易危，而长江江豚则为濒危。尽管现存的长江江豚数量很难确定，但中国科学家们一直认为它们的未来堪忧。

由于栖息地被破坏，航运干扰它们的交流，以及江水污染等，长江江豚的数量在急剧减少。从 1984 年到 1991 年，专家们进行了一次巡航考察。据这次考察统计，长江江豚的数量在 2700 只左右，其中，700 只生活在长江下游（南京和湖口之间）。2006 年，同样的专家团队统计到了大约 1400 只长江江豚，其中，700~900 只生活在长江，500 只生活在鄱阳湖和洞庭湖。不幸的是，这种江豚的数量还在以每年 7.3%的速度减少，而且还有加快的趋势。2012 年 3 月至 4 月，人们在洞庭湖湖岸发现了 10 只长江江豚的尸体，1 月至 4 月，在鄱阳湖发现了 6 只死去的长江江豚。据武汉的中国科学院水生生物研究所的朱作言院士介绍，这些最近死亡的长江江豚会使其死亡率从每年 7.5%提高到每年 10%。按照这种速率，这一亚种将会在未来 15 年左右灭绝。因此，中国政府在尽最大的努力挽救它们。为了促进长江江豚繁衍后代，许多只长江江豚被放到了天鹅洲自然保护区（这一保护区最初是为了挽救白鳍豚所设）。现在，保护区里有 30 多只长江江豚，它们在这里繁衍生息。武汉的海豚水族馆中，人们捕到的几只长江江豚也被保护了起来，希望他们这次挽救江豚的行动能成功。

曾经的白鳍豚

从前，有位美丽善良的小女孩住在长江南岸，她是一个孤儿，住在继父家里。她的继父非常自私狭隘，毫不关心甚至经常打她。随着时间的流逝，小女孩出落成了一个亭亭玉立的姑娘，优雅而迷人，她想摆脱继父的虐待。而继父认为可以把她卖个好价钱，便联系了长江北岸的一个奴隶商人，想把女孩卖给他。继父编造谎言，骗女孩渡江与商人见面。当他们乘船渡到长江一半时，突然刮起了一阵强烈的风暴。女孩全身都被打湿，湿漉漉的裙子紧贴着皮肤，从中隐约可以看见她窈窕的身形。年老的继父看见这一情景，瞬间起了欲望，想要侵犯她。女孩成功挣脱，明白了在江的北岸等待她的命运。她立即跳入水中，消失在波涛中。奇迹般地，她变成了一只美丽的白色海豚，欢快自由地游走了，远离河岸和小船。风暴复又刮起，继父被猛烈的波浪卷入水中，很快被淹没了。很快，他也发生了变化，但没有变成一只优雅的海豚，而是变成了“江猪”，也就是长江江豚。

这是在中国江苏省和安徽省流传的故事。再往上游，在洞庭湖和武汉之间流传着另一个传说。一位可怜的将军被征去战场，多年后，他返回故乡，想去见他的女儿。到家前的一个晚上，他在长江边的一个旅馆里遇到了一位年轻漂亮的女孩。他们度过了一晚，随后，年轻的女孩告诉将军，她的父亲也是一名军官，但在她很小的时候就离开家了。将军十分恐慌，想知道女孩更多的身世。她在哪个村庄长大的呢?女孩说出了将军家乡的名字。将军内心满是忧伤和耻辱，立即跳入了长江。他的女儿追随父亲，也同样在江中溺死。将军变成了一只“丑陋的”鼠海豚，而他女儿则变成了一只“美丽的”白色海豚。

关于长江，溺死的女儿和悲哀的父亲的传说还有很多。有的还讲述了爱情故事，例如，地主禁止女儿嫁给贫穷的农民或懒惰的渔夫，还把他们淹死。但所有的故事都有着相同的结局：受害者们都发生了形态变化，得以摆脱难以承受的痛苦。他们都变成了鲸类：好人变成了白鳍豚，坏人变成了长江江豚。

中国渔民和船员认为，在长江里看到白鳍豚是个好兆头。许多中国古籍都提到了这点，例如唐朝的《本草拾遗》和明朝的《三才图会》都提到了白鳍豚的这种角色。实际上，有些地方的人们还坚信，这种海豚会告知水手们即将到来的暴雨、大风或激流，这就是沿河居民给白鳍豚取“拜风侯”外号的原因之一。宋代诗人孔武仲在他的《江豚诗》中如此写道：“岂知舟航，方在积险。以尔占天，蓍蔡之验。”在中国历史上，从古至今，沿江居民都很喜爱白鳍豚（奇怪的是，他们很少关心长江江豚，尽管它们同样温顺而聪明）。另据宋代文献记载，当地渔民常称白鳍豚为“波涛和旋风之主”。作为一位年轻女孩的“化身”，白鳍豚自然而然地成了长江的女神。白鳍豚有很多名字，例如江马、白暨、白鳍和白夹等。在中国，它最广为流传的名字是白鳍或白鳍豚，即“白色的海豚”。

在中国，白鳍豚自古就为人所知，至今已有几千年。最早提到白鳍豚的是《尔雅》。[1] 这是一本辞书，收集了古今汉字的释义和用法，可以确定的是，这本书出现在汉代前，即公元前206年至公元8年。《尔雅》的作者弄错了白鳍豚在动物界中的分类，这个错误情有可原，因为这本书的写作时间很久远，远远早于卡尔·冯·林奈做生物学分类（18世纪）的年代。尽管如此，《尔雅》对白鳍豚的描写十分确切仔细："鳍，䱜属也。体似鱏鱼，尾如䱥鱼，大腹，喙小锐而长，齿罗生上下相衔，鼻在额上，能作声，少肉多膏，胎生，健啖细鱼，大者长丈馀，江中多有之。"

晋朝时，郭璞对《尔雅》作了注解，对白鳍豚的形态和生活习性加以补充，并区分了"白鳍"和"江猪"。其他古籍也描述了白鳍豚的生活习性和地理分布，例如唐朝陈藏器的《本草拾遗》、明朝李时珍的《本草纲目》、清朝郝懿行的《尔雅义疏》和方旭的《虫荟》。

在中国历史上，白鳍豚总能引起一些人的兴趣，如科学家、文人和民众。它常常出现在文章中，如百科书目、通俗文本、诗歌和传说中，都有白鳍豚的踪迹。然而，不知为什么，这种鲸从未出现在中国古典绘画、陶瓷或雕塑中，而很

---

① 乔治·皮莱里（G. Pilleri）:《诗歌、文学和传说中的中国江豚》（*The Chinese River Dolphin [Lipote svexillifer] in Poetry, Literature and Legend*），《鲸目调查》（*Inv. Cetacea*）第10册，1979年，第335—349页。

多陆上动物（如虎和鹤在中国文化中就占有重要地位）和其他水生动物（如具有经济价值的鱼、虾和海螯虾）常常成为这些艺术的题材。有的古文提到了白鳍豚，但只画出了简略的草图。中国现代艺术中，画家任忠年最早细致描绘了白鳍豚，这幅画现存于武汉的水生生物研究所。

白鳍豚及西方科学研究

中国古代有许多描写长江白鳍豚的文章，但没有一篇被译成欧洲语言。因此，西方人直到很晚才知道白鳍豚的存在。1793 年，英国外交家乔治 · 马戛尔尼勋爵在镇江横渡长江时注意到："波涛在船边翻滚，在船头附近的水面上，海豚时不时地跃出水面。"[1] 但这段文字没有引起科学界的注意。一个世纪后，英国博物学家郇和（罗伯特 · 斯文侯）来到了武汉，这位汉学家可以说很流利的普通话和地方方言。他曾多次见到白鳍豚，并在著作中提到了它们。[2] 他提到，人们可以在长

① 乔治 · 马戛尔尼（G. Macartney）：《1792—1794 年出使中国及鞑靼利亚观感》（*Voyage dans l'intérieur de la Chine et en Tartarie fait dans les années 1792，1793，et 1794*），比松出版社（F. Buisson），1804 年。

② 郇和 (R. Swinhoe)：《中国（长江以南）和福尔摩莎哺乳动物名录》（*Catalogue of the Mammals of China [South of the River Yangtsze] and of the Island of Formosa*），《伦敦动物学会论文集》（*Proceedings of the Zoological Society of London*），1870 年，第 615—653 页。

江中见到“白色的鼠海豚”（他在这里指的是白鳍豚，而不是长江江豚），在汉口（武汉）也能见到。可惜，这段记述再次被人遗忘。

郇和发现白鳍豚的大约半个世纪后，西方科学家才终于知道了白鳍豚的存在，并将其作为一个独立物种。这得益于一个名为查尔斯·霍伊的美国青少年。他是城陵矶附近一位修道院院长的儿子，当时 17 岁，对自然史很感兴趣，而且非常了解白鳍豚。① 他经常在浅水，尤其是河岸附近看到白鳍豚，它们通常会搅动河底淤泥来捕食鱼类。查尔斯·霍伊估计，这种哺乳动物大量分布在洞庭湖湖口附近到城陵矶的水域中。尽管他在中国生活了许多年，但他表示从未在洞庭湖和其通往长江的支流之外见过白鳍豚。冬天，水位下降时，白鳍豚会组成 3~4 只的小群体，有时，群体会包含 10 只甚至 15 只。1914 年 2 月 18 日，查尔斯·霍伊在城陵矶附近组织了一次郊游，在洞庭湖湖口和长江之间较浅的河水中捕猎鸭子。一群白鳍豚在他们的小船附近游动，他射中了 65 米外的其中一只。这只受伤的白鳍豚发出惊叫，一会儿就死了。由于白鳍豚太沉，他们无法把它放上船，便将它拖到了河岸。之后，查尔

---

① 查尔斯·霍伊（C. M. Hoy）：《东湖的“白旗”豚》（*The “White-flag” Dolphin of Tung Lake*），《中国科学与艺术学报》（*The China Journal of Sciences and Arts*），1923 年，第 154—157 页。

斯·霍伊吃了这只白鳍豚的肉，认为它的味道像牛肉。“它的味道十分鲜美，尽管肉里全是筋，但依然很嫩。”[①]他只保留了这只白鳍豚的颅骨和颈椎，不久后，他把这些骨骼带回美国，并卖给了华盛顿自然历史博物馆，格里特·史密斯·米勒对其进行了解剖学研究。米勒本以为这是一只印太洋驼海豚（Sousa chinensis），该海豚在亚洲东南沿海十分常见。但出乎意料的是，他发现这是一种未知的鲸类。1918年，根据这只白鳍豚的颅骨和颈椎，米勒在博物馆内刊《史密森合集》上描述了这一新的水中哺乳动物品种，并定名为Lipotes vexillifer（意为“白旗豚”）[②]。

米勒给出的学名实际上是出于误解。首先，这一名字源于希腊语leipa，意为“被遗弃的”或“被忘记的”，以此表达它们生活在长江这一有限区域的状态。其次，查尔斯·霍伊把骨骼卖给博物馆时，还附上了一封信：“当地人称这种豚类为‘白旗’，意为‘白色的旗’，因为它的背鳍像一面旗。当

① 查尔斯·霍伊（C. M. Hoy）：《东湖的“白旗”豚》（*The "White-flag" Dolphin of Tung Lake*），《中国科学与艺术学报》（*The China Journal of Sciences and Arts*），1923年，第154—157页。

② 格里特·史密斯·米勒（G.S. Miller）：《一种中国的新江豚》（*A New River Dolphin From China*），《史密森尼杂文集》（*Smithsonian Miscellaneous Collection*），1918年，第1—10页。

它浮出水面呼吸时，能明显看到它们的背鳍。”据此，米勒采用了拉丁语的 vexillifer 来定名，意为“旗手”。然而，和很多西方人一样，霍伊弄错了汉语拼音的小细节。他把“鳍”（发音为“ji”，意为“江豚”）误认为“旗”（发音为“qi”，意为“旗帜”）。因此，实际上，长江沿岸居民对它们的标准称呼为“白鳍”，而查尔斯·霍伊则误解了。此外，汉语的“旗”在这里也指“翼”或“鳍”，因而许多科普文里的译名有了双重误解。所以，从 20 世纪 50 年代起，白鳍就被误写作“白旗”或“白鳍”了。直到 1977 年，南京师范大学动物学研究室的鲸类学家周开亚才更正了这一错误。尽管如此，在西方出版的许多文章和报告中，“白鳍”到现在也常被错写成“白旗”。

查尔斯·霍伊捕获白鳍豚以及米勒进行了描述之后，西方科学家对这种神秘的淡水鲸类产生了兴趣。1931 年，美国考察队在第三次巡航中捕获了三只白鳍豚，把其中一只送到了纽约的美国自然历史博物馆，另两只则送到了上海自然历史博物馆。与此同时，斯金纳·德汉可给伦敦的英国自然历史博物馆寄送了一只冰冻的白鳍豚样本，这只样本长时间都在该博物馆中展示。从 1920 年到 20 世纪 70 年代，西方科学家了解的活体白鳍豚知识很少。当时，中国还比较封闭，所有白鳍豚图片都基于纽约自然历史博物馆的模型，这一模型则仿照 1931 年被带回的白鳍豚样本等比例制造。伦敦的英国自然历史博物馆鲸类展馆展示的样本，长期以来都被西方科普文献用作插图参考（见图 11）。

白鳍豚概貌

近几个世纪，在所有灭绝的水生哺乳动物中，白鳍豚最广为人知。很久以来，人们研究野生和养殖的白鳍豚的组织

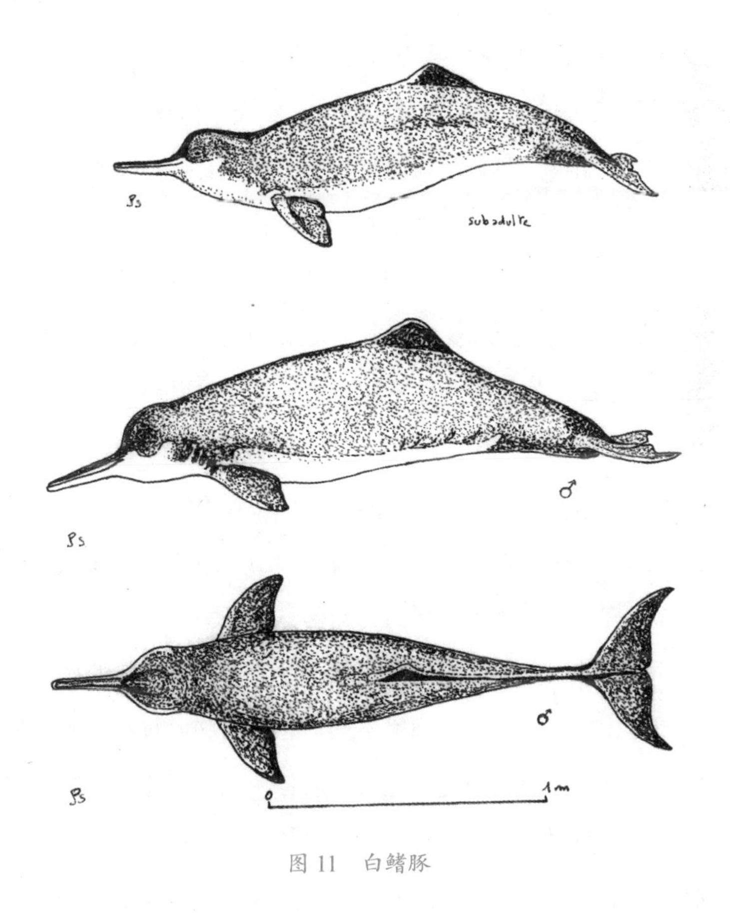

图 11　白鳍豚

构造，观察它们的行为活动。此外，中国和西方一些主要的博物馆与大学还保存着白鳍豚的很多标本（骨架、剥制的标本、胎儿、泡在福尔马林中的器官等）。

白鳍豚是一种不同寻常的豚类（见图12），它的外形常使人联想到“史前的”海豚。是否如同一些科学家们所认为的，白鳍豚是齿鲸亚目中的“活化石”？雌性白鳍豚的体型比雄性略大，体长约1.85~2.53米，重64~167公斤。至于雄性，它们体长1.4~2.16米，重42~125公斤。白鳍豚的躯干强壮，略微粗胖，身体呈流线型。与海豚相比，白鳍豚的头部较大，它们的喙则和其他淡水江豚一样狭长。随着年龄的增长，白鳍豚的喙会略微上翘并变长。它们的呼吸孔位于头部正中偏左，这在齿鲸亚目中独一无二（除了抹香鲸之外）。白鳍豚的眼睛很小，位于头的上部。它们的耳孔极小，位于其他豚类生长眼睛的部位。雌性白鳍豚的吻部更长，头颅更大。和大多数淡水江豚一样，白鳍豚的颈椎没有黏合在一起，因而头部能活动自如，正如1987年，我在武汉海豚馆见到的白鳍豚一样。白鳍豚的背鳍为三角形，位于背部中央，比较矮小。它们的尾鳍十分发达，很像海豚，而其他江豚的尾鳍并非如此。和其他淡水齿鲸类不同，它们的胸鳍较小，末端为圆形。白鳍豚的皮肤为浅青灰色或棕灰色，腹部为浅灰色或白色。白鳍豚眼睛后方有一圈白色的环形，每只白鳍豚的环形线条都不尽相同。武汉的水生生物研究所的专家们研究了白鳍豚的繁殖习性，从而得知，白鳍豚一年中至少有两次繁殖活动，分别在春季和秋季。雌性6岁达到性成熟，雄性则为4岁。白鳍豚孕期约为6~13个月（有人认为是10~12个月），雌性每两年生一胎，刚出生的白鳍豚体长80~90厘米，重2.5~5公斤。白鳍豚的寿命为30多年。

与其他淡水江豚一样，白鳍豚游动缓慢，每隔10~20秒浮上水面呼吸一次。白鳍豚不像海豚那样好奇，它们常常会远离船只和河岸。当船只靠近白鳍豚时，它们会在水下停留3分钟以上，留给自己远离不速之客的时间。幼年白鳍豚游动更活跃，呼吸频率也比成年白鳍豚高。白鳍豚浮出水面时，会用头部划开前方的水面，只露出吻部和呼吸孔；随后，头部潜入水中，背鳍露出水面。人们偶尔会看见白鳍豚的胸鳍，但极少看见尾鳍。它们的呼吸十分隐秘，无法看见，除非在

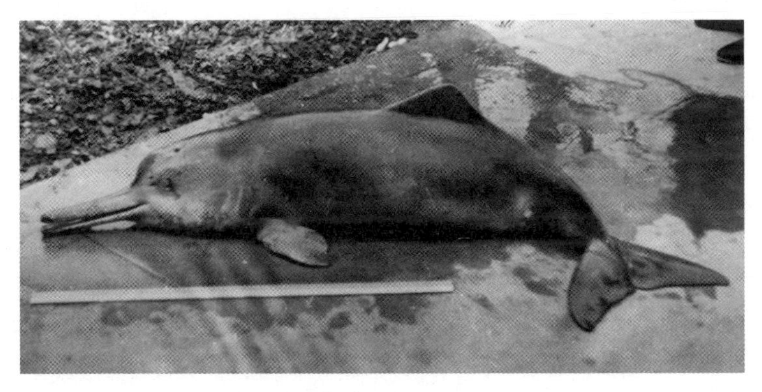

图12　20世纪70年代，渔民在南京附近用渔网意外捕到的白鳍豚（图片为南京师范大学李月敏友情提供）

冬季凉爽的清晨。它们游动的速度为 2~4 节（即每小时 3~7 海里）。雌性会把它们的孩子放到背上或用一只胸鳍抱住。白鳍豚喜欢停在水面上休息，并轻轻晃动自己。夏季和冬季时，白鳍豚会更悠闲（一天休憩 5~6 小时）；到春季和秋季的繁殖季节时，它们会更活跃。有船夫曾见过，一些白鳍豚翻转过来，腹部露在空气中，躺在水中休息了十几分钟。白鳍豚可能以鱼类为主食，但有时也会换换胃口。人们曾在搁浅的白鳍豚胃部发现鲶鱼和小虾的残骸。白鳍豚用牙齿咬住猎物，而不是咬碎。它们会把鱼纵向咬在口中，随后整个吞下，进食时间往往在晚上或清晨。白鳍豚的眼睛作用很小，它们生活在非常浑浊的水中（4 月，长江的水下能见度为 25~35 厘米；8 月，能见度只有 12 厘米），几千年以来一直如此。随着时间的流逝，白鳍豚的视力逐渐退化。但是，白鳍豚的声呐系统却变得十分发达，这在昏暗的环境中非常有用。白鳍豚和所有齿鲸一样，可以发出两种声波：次声波和超声波[①]。它们发出的低频次声波用于交流，超声波或高频声波则用于回声定位。后者分为两种声波：平均频率为 6000 赫兹的鸣叫，

① 人耳可以听见低频声波，但无法听见高频声波。人类能听见的低频声音极限约为 30 赫兹（1 赫兹的振幅为每秒振动 1 次），能听见的高频声音极限为 2 万赫兹，但这种声音只有幼儿能听见，大于 2 万赫兹的声波则为超声波。

以及频率为 8000～12 万赫兹的鸣响，是它们名副其实的声呐系统。

分布区域日渐缩小

白鳍豚是长江的特有物种，但在地质时期，并非一直如此。20 世纪 80 年代初，南京师范大学的中国专家们在中新世（前 1100 万年）沉积层中发现了一块齿鲸类动物的颌骨碎片，他们认为这是白鳍豚的祖先，并将其命名为郁江原白鳍豚（Prolipotes yujiangensis）。但是，大多数研究海洋哺乳动物化石的古生物专家并不认同，他们认为这块化石太不完整，因此难以确定它和白鳍豚的亲缘关系。然而，人们在加利福尼亚和日本的中新世沉积层中发现了另一种海豚化石——太平喙鲸（Parapontoporia），通过基因研究，人们证实了它与白鳍豚的近亲关系。在晚中新世的海洋沉积层中，这种化石被大量发现。据此，人们认为白鳍豚的祖先生活在海洋中，更经常生活在沿海而非远洋；1000 万年前，它们广泛分布在北美洲和亚洲的太平洋沿海。而在上新世（前 530 万～前 180 万年）沉积层中，这种化石的数量骤减。到了更新世（前 180 万～前 1 万年），它们的后代逐渐来到淡水环境中避难，主要是长江。可惜到后来，这一避难所却导致了它们的消亡。

白鳍豚生活在长江中下游。一个世纪前，白鳍豚广泛分布在长江 1700 公里的河段中，上起三峡（宜昌到枝江之间），下至长江入海口的上海。中国科学家提到，有人曾在黄陵庙和莲沱附近各捕获一只白鳍豚，捕获地点位于长江上游，距离入海口 1900 公里。洪水季节（夏季）时，白鳍豚会游到附近的湖泊（洞庭湖和鄱阳湖）与支流（富春江和桐江）中。从 20 世纪 80 年代起，白鳍豚的分布区域急剧缩减，它们在长江中游逐渐消失。从 1999 年起，它们在洞庭湖和鄱阳湖也开始不见踪迹。21 世纪初，人们最后看到白鳍豚是在长江的洪湖到铜陵河段。

白鳍豚逐渐消失的多种因素

长江有很多生态问题，白鳍豚常常要面对各种危险。因此，我们很难知道，人类哪些活动是导致白鳍豚消失的主要因素。但极有可能，人类的各种活动（捕猎、捕鱼、污染和航行等）都是促使白鳍豚灭绝的因素。

我们前面提到，白鳍豚被誉为“长江女神”，并受到尊崇。然而，尽管白鳍豚有这种神圣的光环，它们也避免不了被渔民和沿河居民捕杀食用的命运。中国有句流行的老话：“四条腿的，除了桌子都能吃；带翅膀的，除了飞机都能吃；水里游的，除了船只都能吃。”与鱼类、甲鱼以及扬子鳄一样，白鳍豚也是中国人的盘中餐。在两千多年的时间里，人类常常猎杀白鳍豚。然而，中国渔民却不会经常食用白鳍豚的肉。一些作家写道，白鳍豚不能食用，它们的骨头太坚硬，肉质太油腻。唐朝陈藏器提到，白鳍豚的肉味像水牛，虽然它们略咸，还有些臭味。他还写道，晒干的白鳍豚肉可用作药物，能治疗许多疾病，例如中毒、疟疾和“中邪”。在1958—1962年间，中国陷入物质十分紧缺的状况，很多市民和农民都受到了严重影响。面对这种资源匮乏，人们只好去开发自然界，开采各种资源。从昆虫到狗，各种动物都成了人的盘中餐。渔民、船夫和沿河居民沿着长江做地毯式搜索，寻找白鳍豚，猎杀它们当作食物。也正是在“大跃进”时期，中国人大量捕猎白鳍豚，主要不是为了肉，而是为了它们的“皮”。在长江下游的浙江省，有一家工厂曾经将白鳍豚和长江江豚的皮制成皮革，用以加工成皮包和手套。当然，这一生产活动没有维持很长时间，因为原材料在骤减。这种开发必然加快了白鳍豚的灭绝。

然而，人们捕猎白鳍豚的最主要原因还是为了获取它们的油脂。查尔斯·霍伊在日记中写道，这种油脂有不可忽视的药用价值。人们用这种油来点灯，尽管油的质量差，点起来的光也很微弱，但它可以经受住强风。此外，这种油和石灰混在一起，是用作船舶填隙的好材料。白鳍豚油脂的可燃特点曾使中国政府对它们更感兴趣了。明朝万历年间（1573—1620），兵部制定了一个条例，使用这种油脂来制造“军火武器”。

更糟糕的是，人们捕鱼时，常常误杀白鳍豚。很多白鳍豚都因为被渔网缠住、被“滚钩”挂住或是被电力捕鱼误伤而死去。要知道，在中国，尤其是在长江，人们的160多种捕鱼方法都威胁着鲸类。例如，在长江下游，被渔网困住而死的江豚达到了溺死江豚的15%。但最糟糕的是一种活动的鱼钩，汉语称其为“滚钩”。这种捕鱼方式出现在50多年前的长江沿岸，方法是由一条船牵拉一些100多米长的渔线，渔线上有上千枚没有诱饵的鱼钩。有时候，这些渔线会被系在河床的石块上，这些钩子就会随着水流而滚动（“滚钩”一名由此而来）。渔民仔细地将这些渔线设置好，每隔12～14个小时拉起来查看一次。虽然这些滚钩是为了捕鱼而设，但鲸类常常会因此受伤致死。白鳍豚就是如此。20世纪70—80年代，据中国科学家统计，有50%～60%的白鳍豚都死于滚钩。20世纪90年代，中国渔民使用了另一种更具杀伤力的捕鱼方式，即电力捕鱼。这一时期，40%的白鳍豚都死于电力捕鱼。这种捕鱼方式很现代化，却极具毁灭性。

污染也加快了白鳍豚的灭绝。在水域环境中，鲸类位于食物链顶端，因此，它们体内聚集了食物链中最多的毒素。如果这些污染物不能被生物降解，那么鲸类一生都会携带毒素。毒素会聚积在它们的脂肪中，甚至会通过母乳代代相传。此外，一些意外事故还会加重这些毒素。1989年，一艘载重5吨、运送白磷的货船在长江沉没，几天后，沿河居民在事故地点发现了许多死亡的白鳍豚。

但是，以三峡大坝为主的大坝建设和白鳍豚的消失没有（或者几乎没有）关系。因为这些大坝建设得很晚，对白鳍豚的消失没有实际影响。白鳍豚的消失还有许多疑问，例如，为什么白鳍豚的数量比长江江豚的数量减少得更快？白鳍豚性成熟更晚，体内会积累更多毒素，因而会毒死腹中的胎儿吗？长江江豚更容易摆脱困境，是因为它们繁殖更快吗？长江江豚的数量是否最开始就比白鳍豚多呢？这些问题，我们至今还没有答案。

尽管还有很多不确定性因素，但人们知道必须迅速行动起来，拯救 20 世纪末最后的白鳍豚！

人工养护是否可行？

武汉大学附近，田野上的太阳开始升起。我骑车穿行在武汉大学和水生生物研究所之间几公里的路上。1987 年 9 月，汽车还很稀少。一股热浪开始侵袭这片地区。在土路上，行人们纷纷向我投来好奇的目光。对一些人来说，这是他们第一次见到“长鼻梁”的人，“长鼻梁”是中国人对欧洲人特征的描述。到达研究所后，所长陈佩薰接待了我，她是研究白鳍豚的专家之一。她很快把我带到了一个水池旁，这里饲养着我很感兴趣的鲸类，我对这种鲸怀揣着几乎病态的求知欲。我的“朋友”就在那儿，我看到它突然浮上水面呼吸。这是我第一次看见活着的白鳍豚！它名叫淇淇（见图 13），雄性，

图 13　1987 年 10 月，中国科学院水生生物研究所（武汉）水池里的淇淇

是最早被人工饲养的白鳍豚之一。1980 年 1 月 11 日，有渔民在城陵矶附近误捕了一只白鳍豚，和它一起的还有一只雌性，但很快就死了，而活着的这只白鳍豚全身都是滚钩造成的重伤。武汉水生生物研究所的研究员们把它接回去保护了起来，像对待国宝一样照料它，并给它建造了专用的水池，这就是淇淇。出乎研究员们意料的是，它很容易就适应了人工养护的环境。淇淇（意为“稀有”）刚被捕到时，体长 1.47 米，重 36.5 公斤。四个月后，它的伤口和疤痕消失了。1984 年 7 月，淇淇体长达到了 1.96 米，重 95 公斤。而现在，即 1987 年 9 月，它的体重为 110 公斤。

陈教授接着把我带到了距离稍远的另一个水池，我在碧绿的水中看到了另一只白鳍豚，这是一只名为珍珍（意为“稀有”或“珍贵”）的雌性。1986 年 3 月，有人在洞庭湖口捕到了珍珍和另一只白鳍豚（雄性）。人们立即把这对白鳍豚用直升机送到了武汉，并养在水池中。名为联联的雄性白鳍豚两个半月后就死了，而珍珍则被移到了淇淇的水池中。然而有好几次，珍珍都用咬的方式攻击淇淇，因此，研究员们决定将它们暂时分开。这两只人工养护的白鳍豚[①]给了中国政府

---

① 人工养护的白鳍豚不止淇淇和珍珍。1981 年，人们在南京捕到两只白鳍豚，并养在南京大学的水池中，这两只名为苏苏和江江的白鳍豚只活了几个星期。

拯救白鳍豚的最后希望。

可惜，在我那次拜访的几个月后，珍珍就死去了（1988年9月），甚至还没有性成熟。武汉水生生物研究所和南京师范大学的专家们认为，白鳍豚未来只能靠人工养护。实际上，他们也知道在人工或半人工饲养的同时，要让它们繁衍后代，就像人们保护加州神鹫一样[①]。渐渐地，他们放弃了把白鳍豚养在海豚馆里，而认为另一种方法更有效，即把它们运到一个或几个半自然保护区里加以保护。20世纪80年代，南京师范大学的周开亚研究组提出了这一想法。很快，他们就确定了保护区：南京上游的铜陵附近，一条长1500米、宽40~200米的狭窄河道。铜陵是一个特别的城市，街道和广告上，到处都有白鳍豚的踪迹。例如，当地的啤酒名为“白鳍豚啤酒”，还有“白鳍鞋”、模仿美国著名商标的汽水“白鳍可乐”、“白鳍”卫生纸和“白鳍”肥料等。这是世界唯一一个江豚被如此商业化的城市。武汉研究所的陈佩薰小组则提出了另一个半自然保护区方案：湖北石首附近的天鹅洲。这是一条21公里长的河道。1972年，这条河道与长江隔开了，但在每年洪水季，河道会与长江再次相连。这片半自然保护

---

① 1985年，人们捕获了最后存活的9只加州神鹫，加以人工饲养。之后，它们的后代被放归自然，到2006年，人们统计的神鹫数量为128只。

区物种丰富，中国科学家们估计，这条封闭河道里的鱼类总量有 1000 吨。陈教授认为，天鹅洲半自然保护区完全可以容纳近 80 只白鳍豚，能媲美一个“微型长江”。1993 年，人们捕获了 5 只长江江豚，把它们放到了天鹅洲；1995—1996 年，又有 12 只长江江豚加入了它们，但其中几只很快死去了。据此，中国政府推测这片保护区可能不适合白鳍豚生存，但他们依然乐观[①]。1995 年 12 月 19 日，一只成年雌性白鳍豚在石首附近被捕获，人们很快把它送到了天鹅洲保护区。在这里，它和长江江豚们熟悉了起来。它适应了半人工的保护区环境，以及长江江豚伙伴们。西方科学家们建议把淇淇放到天鹅洲，和这只已经适应环境的雌性一起生活。他们认为这是唯一的机会，能在半人工环境下促进白鳍豚繁殖。但中国科学家们并没有这样做，他们错过了挽救白鳍豚的唯一机会吗？一切都不确定。但这的确是一个机会，因为人们应该尝试一切，在最后关头用一切方法挽救这种濒危物种。在接下来的夏季洪水季，由于水势浩大，河道水位上涨，远远高于往年水位，因此，14 只长江江豚从河道游出，这只雌性白鳍豚也想一起游走，但它的吻部和保护网缠在一起，不幸溺亡。

2002 年，淇淇在武汉死亡，给予了白鳍豚的未来致命一

① 实际上，1997 年 4 月至 2000 年 4 月，这些长江江豚在保护区产下了 7 只小江豚。

击。它为科学事业忠诚服务了22年，最后死亡的原因不只是衰老，还有糖尿病和胃病。它的死亡十分令人震惊，不仅对于中国科学家，而且对于我们这些全世界的鲸类学家而言都是如此。我们立即意识到，白鳍豚的未来也许永远地结束了。政府为淇淇举办了官方葬礼，并通过电视在全国转播，哭泣的人们，放着花的棺材……很快，它就被制成了标本。现在，它被放在武汉大学水生生物博物馆内展示。

中国政府随之制定了一项保护区计划，建立了五个保护区，其中有四个是“国家公园”[1]，严格禁止捕鱼。此外，研究者们还设置了五个保护站，每个站配有两名观察员和一艘小电动船，负责日常巡逻，以观测白鳍豚并报告非法渔船。尽管人们做出了种种努力，白鳍豚的数量还是不可避免地逐年下降。

白鳍豚的安魂曲，生物多样性的悲剧

长江上有许多统计白鳍豚数量的巡航船，尤其是在20世纪80年代到2006年。一年又一年，人们见到白鳍豚的次数越来越少。1995年，人们统计有不到200只白鳍豚；1997年，

① 这些公园是为了保护白鳍豚而建，现在，人们认为白鳍豚已经消失，但这些公园依然保留，不仅用来保护长江江豚，也用来保护长江动物群中还能挽救的物种。

只有13～15只。2004年7月，有人（两个成人和一个青少年）在新螺国家级自然保护区（洪湖市）见到了白鳍豚（官方已承认）；2004年9月，有人（一个成人）在铜陵自然保护区再次见到白鳍豚，这是人们最后一次见到该物种。

2006年，一支巡航队伍在长江进行了为期六周的考察，他们在“历史上”白鳍豚分布的3500公里的河段上往返，即宜昌（三峡附近）到上海附近的入海口。考察队有两艘船，邀请了来自世界各地的30多名专家。这项任务不仅包括巡查河面（使用高科技双筒望远镜），而且也要搜索河底（使用水听器）。考察开始于11月6日，结束于12月13日。期间，考察队发现了428～460只长江江豚，但没有一只白鳍豚。队员们也许错过了一两只白鳍豚，但不会更多了。西方科学家认为白鳍豚“可能灭绝”，但为了照顾中国人的感受，最终做出的结论是白鳍豚“功能性灭绝”，但这两者实际是一样的！

之后，有极少数沿河居民声称见过疑似白鳍豚的鲸类。我们能相信他们吗？即使还有几只幸存的白鳍豚，这一物种也将在地球上彻底灭绝。

2006年的考察没有发现任何白鳍豚，说明长江已经没有白鳍豚了吗？没有发现并不代表不存在。这一物种真的灭绝了吗？人们很难探测到一种十分稀有的物种，除非偶遇它们。2006年后，我感觉有几只白鳍豚还生活在长江中。假如是真的，它们现在怎么样了呢？现在，人们再也看不到白鳍豚的吻部划开水面了，然而，成千上万双眼睛依然十分警觉地关注着长江，希望这种鲸类能“重现”，并挽回“长江女神”无法避免的灭绝之路。

假如还有几只存活的白鳍豚，它们的命运会如何呢？人们必须重新检测长江的生态环境，试着根除威胁野生动物安全的毁灭性因素。为此，人们需要实施严厉的措施：停止污染、禁止捕鱼、叫停航运、控制入江排放物、停止人口增长，也许还要毁掉大坝……但这些根本不可能实现！

白鳍豚不在了，我们只能听到它们的安魂曲。白鳍豚消失了，不管是否必然，这一存在了2000万年的古老物种灭绝了，我们为此叹息，这是物种基因和生物多样性的损失。长江生态系统食物链顶端的猎食者消失了，“溺亡公主转世”的传说随之终结，地球上最神秘的淡水生物知识也到此为止。英国伦敦动物学会的塞缪尔·特维谈道，白鳍豚的迅速消失，并非让我们措手不及。他解释道，在近30年的时间里，科学家和生态学家们都反复提到了拯救白鳍豚的必要方法，他们通过各种大会、推广的文章、官方报告、官方文件和国际性科学杂志来宣传这些方法。然而，他总结到，人们并没有采取实际措施来挽救最后的白鳍豚，而且太晚了。因此，瑞士科学家、白鳍豚基金会负责人奥古斯特·弗鲁格表示，中国政府策略正确，可却没时间去付诸实践。白鳍豚学名中的Lipotes在希腊语中意为“被遗弃的”，现在，这一学名却成了它们的墓志铭。

现在，“证明白鳍豚的存在”这一学术领域被划为了“神秘动物学”。随着时间的流逝，白鳍豚渐渐地也会和大洋洲的袋狼、南美洲的大地懒、海洋里的大海蛇一样成为传说。白鳍豚已经不在世上了，这是一个现实，它们消失在世界各媒体缄口不言的沉默中。这一独特物种的悲剧发人深省，其悲伤的教训能否唤醒人们的意识呢？是否至少能促使人们保护其他濒危物种呢？不幸的是，这只是悲剧的第一幕，悲剧还在继续上演。

第 4 章
濒临灭绝的动物

长江、加勒比海和堪察加的这些事件能给人教训吗？人类会继续导致物种灭绝吗？科学家们和一些权威机构（政府或其他机构）正在努力保护黑露脊鲸、加湾鼠海豚和地中海僧海豹。接下来，我们将会简述这些濒危物种的历史和种群现状。

古时广为人知的露脊鲸

我们远航乘坐的双桅纵帆船名为“颂瑙夸号”，从甲板上看去，这些最后的黑露脊鲸仿佛在举行热闹的庆典，就像在玩泡泡浴。在加拿大新不伦瑞克和新斯科舍之间的芬迪湾，它们的尾鳍和胸鳍露出了清澈的水面，场景十分壮观。有些鲸从水面跃起，拍打的水花溅湿了船上 20 多名游客。对此，帆船主人兼船长詹姆斯 · 巴特斯解释道，这些鲸在玩耍。成年的鲸在互相追逐，雌鲸和孩子们待在旁边。突然，一只 7

米长的幼鲸离开母亲，向这艘载着游客的船游来。它停留了几分钟，观察着游客们。而它的母亲有些意外，游到了幼鲸和帆船之间。游客们非常兴奋，因为可以如此近距离地看到幼鲸和它的母亲。这些动物一直都很吸引人类，曾经如此，现在也依旧。

露脊鲸是史前人类最早提到的鲸类。人们最早捕猎的鲸类是露脊鲸，先是地方性捕鲸，后来发展成为捕鲸产业，导致露脊鲸在一些区域分布的数量大大减少。1886 年，人们在蒙戈迪（法国夏朗德省）发现了一幅刻在驯鹿角上的鲸类图片，这幅图源于马格德林时代早期（公元前 1.5 万年），是人类认识鲸类的最早遗迹，它描绘了一只正在呼吸的黑露脊鲸。

在遥远的亚洲，韩国考古学家发现了很多描绘鲸类和捕鲸场景的图画（见图 14），其中一些画的是北太平洋露脊鲸。这些刻在岩石上的图画主要是新石器时代（公元前 5000 年至公元前 3000 年）的岩刻，说明当时的韩国人已经在捕鲸（露脊鲸和鳁鲸）了。这些画被称为大谷里岩刻或盘龟台岩刻。1971 年圣诞节时，东国大学的文铭达教授在蔚山广域市发现了它们。这个巨大的岩刻壁画群包括十多种海洋动物图画，如海豹、海豚和鲸类。这些岩刻一经发现就成了韩国的国宝。

后来，人们又在日本北海道发现了原始时代人类画的北太平洋露脊鲸，发现地点位于利尻岛的亦稚贝塚贝壳掩埋场。在这里，十几幅露脊鲸图形被雕刻在一块鹿角上，时间

图 14　盘龟台岩刻的捕鲸场景（图片由日本鲸类研究所朴具炳友情提供）

可追溯到鄂霍次克文明时代（公元 500 年至 1000 年）。这件文物现在存放于北海道的利尻町博物馆。1907 年，日本考古学家在北海道北部的库页岛发现了一块鸟骨，这块鸟骨同属于鄂霍次克文明，上面刻有一幅捕猎露脊鲸的图画。这件文物现在是东京大学的考古藏品之一。从这些考古文物中可以看出，史前时代起，人类就勇于徒手面对海洋，并试着捕鲸。毫无疑问，他们捕猎的对象是行动最迟缓、最容易捕捉的露脊鲸。直到近些年，动物学家们也只知道一个种的露脊鲸（不包括格陵兰露脊鲸，它们被认为是其他种类），根据分布区域的不同，它们有三个亚种。2000 年，生物学家们通过基因研究得知，大西洋的露脊鲸和太平洋的露脊鲸完全不同，后者也与南露脊鲸毫不相干。科学家们通过其他线粒体基因组和核基因组的研究，证实这三个品种是各自独立的。它们分别为：北大西洋露脊鲸（Eubalaena glacialis[①]，命名人：穆勒，1776）、北太平洋露脊鲸（Eubalaena japonica，命名人：拉塞佩德，1818）、南露脊鲸（Eubalaena australis，命名人：德穆兰，1822）。

黑露脊鲸（见图 15）又名北大西洋露脊鲸，通常被称为"巴斯克鲸"。它和日本近亲——北太平洋露脊鲸（又名日本露脊鲸）一样，是世界上最濒危的须鲸。这两种露脊鲸全身均为黑色，体长约 15 米，最大可达到 18 米，重 80~90 吨。它们庞大的身体强壮而"肥胖"，头部巨大，占身体总长近三分之一。它们的颌骨呈非常弯曲的拱形，上颌两侧被巨大的下唇包裹。露脊鲸没有背鳍，这一点与鳁鲸不同。黑露脊鲸

图 15　黑露脊鲸

① 拉丁语中，balaena 意为"鲸"，glacialis 意为"冰"。

寿命约为130岁，甚至更长！它们游动缓慢，船舶能轻易地接近它们。由于黑露脊鲸比较被动，从前的亚洲、欧洲和北美洲捕鲸人都偏好将它们作为目标。早期捕鲸时，欧洲人把它们称为“优质的鲸”或“合适的鲸”[1]。“优质”是因为它们易于捕捉，游动缓慢，有大量鲸油和鲸须，尤其是它们被杀死后不会沉入海底。

捕猎黑露脊鲸的热潮

从9世纪起，巴斯克人就开始捕猎黑露脊鲸了，先是法国人，后是西班牙人。他们起先只是局部地捕鲸，随后将其衍变成了捕鲸产业。那个时期，几十只甚至几百只黑露脊鲸会迁徙到比斯开湾（加斯哥尼湾），即法国和西班牙的大西洋沿岸。它们来这一区域的沿海过冬（从10月到次年3月，1月是高峰期），并在这里繁衍休息。黑露脊鲸不仅容易捕杀，同时也非常有利可图。一头鲸提供的肉量相当于30多头牛，鲸脂量[2]相当于300多头猪（可提供约9000升鲸油），还不包括重1.5吨的、似乎很受欢迎的舌头，以及250~300公斤的多

---

① 同样地，西班牙人和英国人分别称其为Ballena franca和Right whale，意为“正确的、合适的鲸”。

② 根据体型大小，一头黑露脊鲸的脂肪总量在10~33吨之间。根据身体部位和季节的不同，脂肪厚度也不均一（10~50厘米）。

用途鲸须（用作束腰和伞骨）。巴斯克人尤其擅长捕猎这种鲸，还会使用一些当地的名字来称呼这种须鲸，如巴斯克鲸、巴斯克露脊鲸、比斯开露脊鲸，或撒丁鲸[①]。在巴斯克（西班牙和法国交界处），出现了 40 多个捕鲸港。巴斯克人不仅是捕鲸的行家，而且还促使欧洲和世界其他地区的沿海居民加入了捕鲸的行列。每年，他们会捕杀大约 100 多头露脊鲸，这种过度捕杀的热潮使它们逐渐从法国和西班牙的大西洋沿海消失。捕鲸人没有因此停止狂热的捕杀，而是追到了冰岛（12 世纪）、格陵兰岛（13 世纪初）和纽芬兰，可能还追到了圣劳伦斯河（14 世纪）去捕杀另一种鲸类：格陵兰鲸（Balaena mysticetus，命名人：林奈，1758）。巴斯克人把地区性捕鲸变成了捕鲸产业，尤其是发展了远洋捕鲸，并随之发展了捕鲸的新技术。他们训练捕鲸人，去探索未知的区域。巴斯克人正是由于捕猎黑露脊鲸才登上了新大陆，几乎比克里斯托弗·哥伦布早了一个世纪[②]。15 世纪，挪威人、英国人、丹麦人、德国汉堡人和荷兰人都纷纷加入了捕鲸的行动中，在巴斯克人的地盘上与其竞争。一个世纪后，巴斯克人失去了捕鲸行业的垄断地位，

① 法国的巴斯克捕鲸人用 sardako 来称呼这种鲸，“撒丁”是其法语音译，sarda 指撒丁的鲸和撒丁人所指称的鲸。

② 根据下比利牛斯省（现为比利牛斯—大西洋省）一份 1775 年的档案，巴斯克人可能在 1372 年就到达了纽芬兰。

各国为了捕鲸而打响了战争。当然，这场战争首先的受害者就是黑露脊鲸和其他鲸类，如格陵兰鲸，可能还有灰鲸。荷兰人和英国人成了最“优秀的”捕鲸者。捕鲸人发现了新的土地和岛屿，捕鲸公司和鲸油处理公司遍地开花。1670 年起，新大陆上兴起了一个小型鲸类产业，主要分布在新英格兰。由此，美国人也开始捕鲸，并且在很长时间内都是行业的“佼佼者”，南塔克特和马萨诸塞成了最大的捕鲸港。渐渐地，露脊鲸变得十分稀少，于是美国捕鲸人就换了一个新目标：抹香鲸。

根据 IUCN 的估计，人们开始捕猎北大西洋露脊鲸之前，即 9 世纪时，它们的数量约为 1.35 万头。现在，我们只有人们捕获的鲸的数据，但这些只是大屠杀的一个缩影罢了。1530—1610 年，巴斯克人可能杀了 2.5 万 ~ 4 万头鲸；1670—1789 年，德国和荷兰捕鲸人捕获了 8.3488 万头露脊鲸；1670—1699 年，德国人和英国人杀了 2.8565 万头鲸；1713—1718 年，法国巴斯克捕鲸人在冰岛和丹麦之间捕获了 2214 头露脊鲸；随后，1719—1766 年，他们又在戴维斯海峡杀了 598 头鲸。这些数字还不包括被杀死但没有带回来的鲸。南塔克特人在北极海域（捕猎黑露脊鲸，尤其是格陵兰鲸）的捕鲸记录显示，他们捕获了 24 头鲸，但有 29 头鲸没有带回，因此，没有带回的鲸占比为 55%。据此，我们能想到，在有些捕鲸行动中，人们杀死的鲸的数量应该还要再多出 50%，这个数量非常庞大。

现在，北大西洋露脊鲸非常稀少，被IUCN认定为“濒危”物种。1935年以来，由于国际捕鲸委员会的保护，西北大西洋（北美沿海）现存约有300头鲸，但根据美国和加拿大专家的分析，这些鲸的境况令人担忧。至于东北大西洋（欧洲和北非沿海）的露脊鲸，它们一直存在，但数量可能只有几十头（成年鲸少于50头），而且这一种群正在灭绝。IUCN将其划分为“极危”，甚至“可能灭绝”。

有时，人们会在大西洋东部沿海看到黑露脊鲸。1967年，4头黑露脊鲸在亚速尔群岛和马德拉群岛被捕杀。同年，在这片海域，捕猎露脊鲸的活动被禁止了（时间在国际保护日期之后）。1901—1980年，人们在荷兰、冰岛、西班牙沿海和亚速尔、马德拉群岛见到了43头鲸（总共观察到了23次）。此后，人们在北大西洋东部见到的黑露脊鲸越来越少。1991年，在地中海撒丁岛西南方，两名水下摄影师在圣安蒂奥科岛附近13公里的海域遇到了一头黑露脊鲸。他们拍下了这头鲸的照片，由此可以确定，黑露脊鲸还会“异常地”出现在地中海[①]。1995年2月3日，在距离葡萄牙圣文森特角海岸400米的海域，有人见到一头成年雌鲸和它的孩子在一起。2005年

---

① 让-米歇尔·邦帕尔(J.- M. Bompar)：《地中海的鲸类》(*Les Cétacés de Méditerranée*)，《海洋记忆》(*Mémoire de Mer*)，埃迪叙出版社(Édisud)，2000年。

7 月 31 日，在荷兰斯豪文岛附近，一名荷兰渔民观察并拍摄到了一头黑露脊鲸。2009 年 1 月 5 日，人们在东北大西洋最后一次见到黑露脊鲸，地点在亚速尔群岛沿海。这次，目击者拍摄了许多照片，足以证明是黑露脊鲸。实际上，科学家们时常提出疑问，这些在东北大西洋被目击到的露脊鲸是否是这一种群最后的幸存者？还是说，它们是从西北太平洋游过来的鲸呢？后来，经人们确认，2009 年亚速尔群岛的这头鲸是一头已知的北美种群的鲸。2008 年 9 月 24 日，人们在加拿大芬迪湾遇到了这头鲸，它随后被编号为 3270。但在 2005 年、1995 年和 1991 年发现的鲸也是如此吗？实际上，1995 年，葡萄牙海域的母子鲸不可能属于北美种群，首先，由于西北大西洋的露脊鲸分布范围很广，最南可到距离葡萄牙 6000 千米的海域；其次，黑露脊鲸本身就游泳缓慢，因此，很难想象它会带着孩子不远万里地穿越大西洋，来到欧洲水域觅食。然而，21 世纪初，人们在北美种群中花了 6 个月时间追踪一头名叫波特的露脊鲸（编号 1133），发现它在北美沿海和挪威沿海之间往返。因此，人们在欧洲看到的黑露脊鲸，可能很多都属于美洲种群。欧洲这些鲜有的观测记录说明东北大西洋的黑露脊鲸正在灭绝。尽管还存活着几十头鲸，但它们的数量太少，难以更新该区域的种群数量。

西北大西洋的黑露脊鲸数量更多，它们也会沿着北美的加拿大和美国沿海迁徙。繁殖季节（冬季）时，它们会来到佛罗里达州和佐治亚州的热带海域；觅食季节（春末到秋初）时，它们会游到鳕鱼角、芬迪湾和新斯科舍省（加拿大）南部的斯科舍地台附近，在这些觅食的圣地集中。极少数鲸也会冒险游到加斯佩半岛、纽芬兰和下北岸地区（加拿大魁北克省七岛港所在区域）之间的圣劳伦斯湾，甚至会游到戴维斯海峡（加拿大和格陵兰岛之间）和冰岛。美国波士顿水族馆和加拿大渔业及海洋部的科学家们密切关注着这些黑露脊鲸。人们能根据鲸的伤痕及头部角质瘤（被称为帽子）的数量、位置和形状来区分每头鲸。据此，鲸类学家制作了一个黑露脊鲸的名录。2004 年，他们从 25 万张照片中分辨出了 459 头不同的鲸。

这种鲸的繁殖十分缓慢。通常，一头雌鲸每 3~5 年才会生一头幼鲸。1998—2000 年，据记录，平均每年新出生 3 头鲸；2001—2005 年，平均每年出生 23 头鲸；2006 年，人们在北美海域发现了 19 头新生的幼鲸。此后，平均每年新生的幼鲸数量提高到了 20 头以上。然而，这一数字比黑露脊鲸的繁殖潜力低 30%，因此还远远不够。

黑露脊鲸生活在沿海，被当作“城市的鲸”，因为它们一生都会在人类大量聚居的区域附近活动，如迈阿密、劳德代尔堡、杰克逊维尔、查尔斯顿、诺福克、纽约、波士顿、波特兰、圣约翰和哈利法克斯等。这里只是举了其中几个例子。这些是美国人口最多的城市或州，因此，黑露脊鲸面临着各种人类活动的威胁，如化学污染、噪声污染、海洋运输和渔业活动等。越来越多的渔业和航运活动涉及露脊鲸的分布区域。1970—1989 年，在人们发现的搁浅黑露脊鲸中，20%的鲸身上都至少有一个与船相撞的伤痕；在美国科学家们为识别身份而拍摄的鲸中，7%的鲸背上或体侧都有被螺旋桨伤到的痕迹。加拿大和美国的科学家们估计，1986—2005 年，这种碰撞造成的黑露脊鲸死亡率高达 38%。渔民们的渔网也是巨大的威胁。在黑露脊鲸生活的美国沿海，渔网比比皆是。据估计，最少有 72%的鲸一生中至少遇到过一次渔网，每年有 10%~30%的鲸被困住，受到或轻或重的伤。此外，美国主要的河流都携带污染物，如沙瓦纳河（佐治亚州南部）、库珀河（南卡罗来纳州）、切萨皮克河（弗吉尼亚州）、特拉华河（特拉华州和新泽西州）和哈得孙河（纽约州）。海洋运输会干扰黑露脊鲸（和其他种类的鲸）的交流和定位。艏柱、螺旋桨或捕鱼工具显然会对它们造成伤害，而严重的噪声和化学污染会慢慢损害它们的健康，从而导致种群数量下降。此外，还有一个该物种的自身原因：它们数量稀少，因此会近亲繁殖，导致基因衰退。

科学家们估测，如果人类改变这些对黑露脊鲸致死的活动，它们的数量就会在 15 年内增长 25%。反之，如果人类不采取任何行动，黑露脊鲸有 20%的可能会在 200 年内灭绝，有 100%的可能会在 500 年内灭绝。从 9 世纪起，人们就开始捕杀北大西洋露脊鲸，随后的过度捕杀一直持续到19世纪初，这种鲸很可能在中长期内就会灭绝。在北大西洋东部，这种鲸已经绝迹了。

北太平洋露脊鲸的未来如何？

北太平洋露脊鲸的未来充满着不确定性。它们包括两个种群：一种生活在太平洋东部，即美洲沿海（东北太平洋露脊鲸）；另一种生活在北太平洋西部，即欧亚大陆沿海（西北太平洋露脊鲸）。IUCN将西北太平洋露脊鲸的群体划分为“濒危”，将东北太平洋露脊鲸的群体划分为“极危”，即可能很快会灭绝。后者可能面临与东北大西洋露脊鲸相同的命运！

我们知道，在新石器时代（公元前5000年至前3000年），韩国人用鱼叉和渔网捕猎北太平洋露脊鲸；到了公元1世纪，北海道[①]的阿伊努人也开始捕猎这种鲸。在日本，公元前8000年至公元前3000年的绳文时代，人们食用鲸肉，这种肉可能是北太平洋露脊鲸。公元712年，日本一本题为《古事记》（*Kojiki*）的书描述了人们捕猎大型鲸类的故事，捕鲸中心就在太地町。但这些都是地方土著居民小规模的捕鲸，没有“产业化”。从16世纪开始，日本人逐渐定期组织捕鲸远

① 当时的北海道属于阿伊努人聚集地，不居于日本。——译者注

航队。他们的主要目标是沿海鲸类，因为这些鲸容易被发现，也易于捕杀。他们的目标除了灰鲸和座头鲸之外，还有北太平洋露脊鲸。冬季到春季，北太平洋露脊鲸会来到日本沿海。在日本各岛屿的沿海港口中，大多数位于鲸类迁徙必经路线上的小港口会腾出来，专门用作捕鲸港。日本人的捕鲸方式和欧洲人不同，很多 16 世纪的日本卷轴都画有这种场景。日本人捕鲸需要 30 多艘船，一些船把鲸包围，另一些船向鲸扔被漂浮的木桶拉开的渔网。当鲸发现自己被困在网中时，捕鲸人就向它们刺标枪和鱼叉，随后，其中一人会爬到鲸的背上，在鲸的头部穿孔，把绳子穿过鲸的呼吸孔，并把它系在一条线上。之后，他们就把鲸拖到港口并切成碎块。与同时期欧洲人的大屠杀相比，日本人的小规模捕鲸远远不足以造成毁灭性影响。1800—1835 年，在高知市，人们捕获的鲸只有 259 头；1700—1850 年，在日本海沿岸的伊根町，人们每年捕获的鲸不超过 1 头；在川尻町（也在日本海沿岸），人们每年捕鲸数量在 2 头左右（见图 16）。

然而，一艘法国捕鲸船的到来改变了一切。1835 年，法国“恒河号”进行了第一次远航捕鲸活动，来到了北纬 50 度海域，目标主要是该区域盛产的北太平洋露脊鲸。很快，消息就传开了。1839 年，这里只有 2 艘捕鲸船，1843 年有了 108 艘，1846 年增加到了 292 艘。其中，10%是法国捕鲸船，其他的是美国大型捕鲸公司的船。1839—1909 年，这些捕鲸

图 16　在日本和歌山的捕鲸港，人们用老式方法切割太平洋露脊鲸（图片由日本太地町鲸博物馆友情提供）

船捕获了 2.65 万～3.7 万头北太平洋露脊鲸，其中 80%是在 1840—1849 年被捕获的。1848 年，法国和美国的捕鲸人不再专门捕猎北太平洋露脊鲸，因为他们在白令海峡发现了另一种有利可图的鲸类：格陵兰露脊鲸。接下来的几十年，人们捕猎的北太平洋露脊鲸数量减少了。1850—1859 年，人们猎杀的数量为 3000～4000 头；1860—1870 年，下降到 1000 头。到了 19 世纪末，人们平均每年只捕获十几头北太平洋露脊鲸。随后，鱼叉枪的发明很快开启了一个新时代。捕鲸人盯上了游动迅速的鲸类，例如鳁鲸，但也没放弃捕杀北太平洋露脊鲸。1935 年，北太平洋露脊鲸成为一种被保护的鲸类，但在 20 世纪 60 年代，苏联人在北太平洋进行了大规模的捕鲸活动。他们在白令海、东北太平洋和鄂霍次克海“非法”捕杀了 449 头露脊鲸；之后，1971 年，他们又在千岛群岛海域捕杀了 11 头。从 1911 年到 1971 年，共有 742 头北太平洋露脊鲸被捕杀。

16 世纪时，人们开始捕猎北太平洋露脊鲸，在此之前，它们的最初数量大概在 1.1 万~2 万头之间。如今，现存的北太平洋露脊鲸数量只有最初的 5%不到，仅有 900 头~1000 头生活在西北太平洋，不到 50 头（可能在 23 头~35 头之间）生活在东北太平洋。

然而，因为种种原因，我们对这种鲸类了解很少。首先可以确定的是，长期以来，它们都被归为黑露脊鲸的亚种。其次，从 19 世纪到 1971 年，尽管人们在各种捕鲸活动中捕杀了 1.5 万头露脊鲸，但大多数关于它们的解剖学和形态学信息都来自极少数被捕获的鲸，即日本捕鲸船队在 20 世纪 60 年代捕获的 13 头鲸，以及 20 世纪 50 年代苏联人捕杀的 10 头鲸。同样地，我们对它们的分布区域也知之甚少。与黑露脊鲸和南露脊鲸不同，北太平洋露脊鲸会在远离海岸的大洋中繁殖。在夏季觅食季节，它们会来到白令海东南部、阿留申群岛、阿拉斯加湾、鄂霍次克海和北太平洋北边海域。但冬季繁殖季节时，人们很少知道它们聚集在哪里。历史上，在人们观察到的北太平洋露脊鲸中，西部种群最南到达了日本海、台湾海峡和小笠原群岛（东京以南 1000 公里），东部种群最南到达了墨西哥的下加利福尼亚州。人们很少在加拿大（不列颠哥伦比亚省）、美国加利福尼亚州和墨西哥见到这种鲸。东北太平洋露脊鲸数量在减少，已经岌岌可危。由于种群数量减少，它们的繁殖率也很低。在未来中短期内，北太平洋露脊鲸的这一小规模种群就会灭绝，部分原因是人们捕猎的影响。

加利福尼亚湾最后的“牛犊”

在所有鲸类中，最濒危的物种毫无疑问是一种小型鼠海豚，它们生活在加利福尼亚湾中 2000～4000 平方公里的海域，是当地的特有物种。和曾经的白鳍豚一样，这种鼠海豚的处境也岌岌可危。虽然人们捕鱼的对象不包括鼠海豚，但许多鼠海豚却因此意外死亡。这种鼠海豚在基因和分类学上都独一无二，而且人们近些年才发现它们的存在（在人们知道白鳍豚的 40 多年后）。它们的西班牙语俗名是“小头鼠海豚”（vaquita）。

1950 年一个明媚的春日里，在墨西哥下加利福尼亚州的科尔蒂斯海（加利福尼亚湾）沿岸，美国著名鲸类学家肯·诺里斯在圣费利佩角附近的海滩上散步。他一边散步，一边观察着海滩上的贝壳和动物残骸，它们被从大洋深处冲到了这片广袤的细沙滩上。突然，他在沙粒中看见了一块突出的白色三角形物体。他走近这块奇特的物体，将其清理出来，他猜测这是一块鲸类的颅骨。第一眼看上去，这是一块非常小的鼠海豚颅骨，但形状很特别。他把这块颅骨带回了美国，留待日后研究。1955 年 4 月 28 日，他回到这里进行海上考察，途中发现了一种体形和形态很像鼠海豚的鲸类，但却是一个未知的物种。因此，他决定更仔细地研究 1950 年带回去的那块颅骨。他在圣费利佩的沙滩上又找到了两块颅骨，并和美国同事威廉 · 麦克法兰一起研究。这三块颅骨很小，吻部比其他大多数鼠海豚更短、更宽。他们的研究结果说明，这确实是一个新品种的鲸类。1958 年，他们将这种小头鼠海豚命名为加湾鼠海豚（Phocoena sinus），即“海湾的鼠海豚”（拉丁语 phocoena 意为“鼠海豚”，sinus 意为“海湾”）。

然而，墨西哥捕虾的渔民们早就知道这种奇特的小鼠海豚了，他们的渔网常常会误捕这些动物。渔民们给它们取了不同的当地名字，如“科奇托”（cochito）和“都昂德”（duende）。“科奇托”意为“小猪”，奇特的是，这些[①]和以前世界各地水手和渔民给鼠海豚（Phocoena phocoena）取的当地名字十分相似：古罗马人称其为“猪鱼”（porcus

① 鼠海豚的法语名称 marsouin 来源于法兰克语的 mar（意为“海洋”）和 swin（意为“猪”）。

piscus）；布列塔尼、诺曼底和魁北克水手称其为“像猪的动物”（pourcil, porcille）；英国人和纽芬兰人称其为“吹气的猪”（puffin pig）和“青鱼似的猪”（herring hog）；德国人称其为“猪鲸”（schweinswal）。“都昂德”意为“精灵”，但墨西哥渔民和美国专家更经常以当地名称“小头鼠海豚”（原意为“牛犊”）来称呼它们。这种鼠海豚有很多英语名字：海湾海豚（Gulf porpoise）、加利福尼亚港湾海豚（Gulf of California harbour porpoise）或加利福尼亚湾海豚（Gulf of California porpoise）。在法语中，它们的常见名称为加湾鼠海豚（marsouin du golfe de Californie），或者小头鼠海豚。

1961 年，墨西哥人开始捕捉这种鼠海豚并送去做研究，但科学家们收到的都是被分解的样本（头部、鳍、内脏等），他们没有鲜活的样本来研究其整体概貌。1985 年 3 月，墨西哥渔民用渔网意外捕获了 13 只加湾鼠海豚，他们把这些鼠海豚送到了墨西哥、美国和加拿大鲸类学家们的手中。其中，5 只为雄性，8 只为雌性，它们体长在 93 厘米至 1.43 米之间。自此，人们才了解到，加湾鼠海豚和其他鼠海豚不一样，它们也和美国加利福尼亚州及墨西哥下加利福尼亚州的太平洋海域中广泛分布的鼠海豚完全无关。

加湾鼠海豚（见图 17）是鼠海豚类中体型最小的，因而是世界上最小的鲸类。它们在齿鲸中很特别，因为雌性体型比雄性大：最大的雄性体长 1.45 米，而最大的雌性体长 1.5

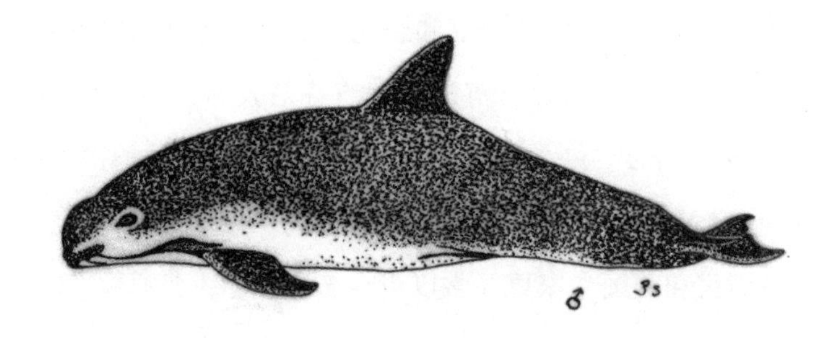

图 17　加湾鼠海豚

米。它们的平均体重为 50 多公斤（35~55 公斤之间），体型类似鼠海豚，短小而粗壮。它们头部浑圆，口鼻部很短，没有喙，但身体正中的镰状背鳍很高（15 厘米左右）。成年个体的背鳍为微白色，且前缘外突。它们的胸鳍也和其他鼠海豚不同，呈现为弯曲的镰状，且底部较宽，末端较尖。它们新月形的尾鳍很大，末端也为尖形。其背部为灰色或暗灰色（有的为浅黄褐色或淡棕色），身体侧面底部颜色较浅，腹部为白色。它们的头部颜色较浅，与眼睛和唇部周围的黑色形成鲜明对比，从下唇到胸鳍底部有一些延伸开的暗灰色。雌性不仅体长与雄性不同，身形还更加瘦长，肤色一般更深。

我们对这种神秘的小鼠海豚的生活习性知之甚少。它们很少出现在人们的视线中，因而很难观测到。它们通常独自行动，有时也会两只一起，但很少会 8~10 只一起活动。它们很少像虎鲸（Orcinus orca）和长吻原海豚（Stenella longirostris）一样成群结队地活动。加湾鼠海豚生性比较谨慎，很少浮出水面呼吸（仅有 3 秒），它们游动缓慢，发出的声响很小，水波不兴，也从不跃出水面，其呼吸很难被察觉。它们很难被看见，也几乎听不到它们的声音。它们很快地出现在水面，又同样迅速地消失在水中。它们每次呼吸间隔 1～1.5 分钟，下 一次呼吸时，露出水面的地点距离上一次很远，因此很难被跟随。此外，加湾鼠海豚的好奇心不强，它们会避开船舶，当听见发动机声音时，就会迅速离开。在我看来，这有利于它们的安全。由于墨西哥渔民的观察和他们意外捕获的众多样本，我们对这种鼠海豚的繁殖习性有了一些了解。它们在 3～6 年内达到成熟，雌性在 11 个月的孕期后生下幼豚，新生幼豚体长 70～78 厘米，重约 7.5 公斤。雌性在春季下仔（2 月至 4 月之间，高峰期为 3 月底至 4 月初），它们似乎每年都可生育，这有利于该稀有物种的繁殖。然而，尽管它们的繁殖周期很短，但其寿命可能因此很短。它们的寿命只有 20 多年！[①] 人们在其胃部发现了 21 种海底鱼类（生活在沿海海底），如沙丁鱼、长吻小鳀或类光蟾鱼等底栖生物（生活在科尔蒂斯海底）。它们也吃枪乌贼，似乎没有特定的进食偏好。加利福尼亚湾生活着很多种鲨鱼，而加

---

① 对比而言，鼠海豚寿命为 24 岁，宽吻海豚（Tursiops truncatus）为 52 岁，虎鲸为 90 岁。

湾鼠海豚远远不在食物链的顶端。渔民和科学家们在该区域常见的6种鲨鱼的胃里发现过这种鼠海豚的残骸，这些鲨鱼分别是大白鲨（Carcharodon carcharias）、尖吻鲭鲨（又名灰鲭鲨，Isurus oxyrhynchus）、柠檬鲨（Negaprion brevirostris）、黑边鳍真鲨（Carcharhinus limbatus）、大眼长尾鲨（Alopias superciliosus）和扁头哈那鲨（Notorhynchus cepedianus）。同时，不可忽视的是，墨西哥该水域十分常见的虎鲨（Galeocerdo cuvier）和锤头鲨（Sphyrna lewini）也会猎食加湾鼠海豚。

加湾鼠海豚生活在浅水海域，但有时也会游到浑浊的潟湖中。人们很少在30米以上的海中看到它们，而且从未在50米以下的海中见过它们。加湾鼠海豚是加利福尼亚湾北部的特有物种，其分布区域是鲸类中最小的：小于等于4000平方公里。这一小群体主要生活在罗卡斯康萨克群岛附近2235平方公里的海域，距离下加利福尼亚州东部沿海的圣费利佩40多公里。最初，这种鼠海豚似乎生活在墨西哥沿海更南边的水域（直到加利福尼亚湾中部），但从不会离开科尔蒂斯海。它们很难被人发现，不仅由于它们天性谨慎，更是由于它们数量稀少。1997年，人们估计其数量约为567只；2008年，人们利用视像和声学探测，仅发现了大约245只！那么，加利福尼亚湾似乎只生活着300~500只个体，其中只有250只已成熟。

人们对这种鼠海豚进行了分子研究。结果发现，相比其他鼠海豚科，它们的祖先与阿根廷鼠海豚（Phocoena spinipinnis，命名人：伯迈斯特，1865）[①] 是近亲。更新世气候转寒时（可能是威斯康星冰期[②]，公元前 7 万年至公元前 1 万年），它们的祖先可能从南半球穿越赤道来到了北半球，到了一个相对封闭的环境避难（加利福尼亚湾）。其基因研究证明了这一说法。其祖先的这种“进化和迁徙”历程很像白鳍豚，后者也是迁徙并孤立地生活在封闭的环境中，变成地区特有物种，随后数量减少，本身也很脆弱。人们对 43 只加湾鼠海豚进行了线粒体基因组和主要组织兼容性复合基因的分子研究。结果显示，这是一种古老的品种。从遗传学看，其发育较为孤立，随后很长时间内（可能约 1 万年），该种群的体型都很小。加湾鼠海豚的数量可能一直都很稀少。不幸的是，这种稀有数量和孤立状态使它们成为一个脆弱的物种，尤其在我们的时代，它们数量濒危，而且对栖息环境的微小改变非常敏感。很不幸的是，加湾鼠海豚生活在鱼虾资源丰富的海域，它们常会被渔网困住而溺死，或者落入捕虾船的拖网

---

① 阿根廷鼠海豚全身黑色，体长2米，生活在南美洲的太平洋和大西洋沿岸水域。

② 北美处于威斯康星冰期的同一时期，欧洲为维尔姆冰期。

中，或者落入捕猎鲨鱼和加湾石首鱼（Totoaba macdonaldi）[1]用的大网眼渔网中，每年都有 39~84 只因此而死亡。20 多年以来，美国和墨西哥科学家对此早有警戒。为了保护该稀有物种最后的幸存者，他们与墨西哥政府斡旋，希望政府能禁止罗卡斯康萨克群岛附近的一切渔业活动。墨西哥科学家和政治家们确信，如果不采取任何行动，那么加湾鼠海豚很快就会像白鳍豚一样消失。IUCN 将它们归为“极危”物种。

为了保护濒危的加湾鼠海豚，墨西哥政府率先建立了一个自然保护区，覆盖了加湾北部和科罗拉多河三角洲。随后，国际加湾鼠海豚救援委员会希望该保护区能扩大到南部，覆盖这一物种的所有分布区域，并在保护区内严禁拖网捕鱼。尽管可以避免人类的渔业活动误杀加湾鼠海豚，但环境学家和生态学家们依然为它们担忧。实际上，它们还面临着其他威胁：氯化农药、由灌溉导致的科罗拉多河流量减少（该河流入加利福尼亚湾），以及近亲繁殖。

加湾鼠海豚是排名前 100 个的 EDGE（具有独特进化意义的全球濒危动物）物种之一。EDGE 物种的进化过程十分独特，而且没有其他近亲。它们基因独特，如果灭绝，将会

---

① 加湾石首鱼是石首鱼科的一员，体长可达2米，体重可至100多公斤。和加湾鼠海豚一样，加湾石首鱼也是加利福尼亚湾北部的特有物种，被 IUCN 归为“极危”物种。

是生物多样性的巨大损失。也就是说，这些动物是动物保护活动的主要对象。

为了保护加湾鼠海豚，2008 年 10 月 28 日，加拿大、墨西哥、美国和北美自由贸易协定框架下的一个环保组织（环境合作委员会）的司法部门发起了一个计划，命名为“北美保护计划”（*North American Conservation Action Plans*），旨在支持墨西哥保护加湾鼠海豚的行动。然而，它们依然是世界上受威胁最严重的海洋哺乳动物。我们是不是行动得太晚了？

地中海僧海豹面临何种未来？

2005 年 10 月 12 日下午一点，我已经在小岛的这块灰岩峭壁上待了 7 个小时。这座小岛点缀在爱琴海中，位于土耳其的福卡小镇附近，伊兹密尔以北 50 多公里。这里的风景沉淀着神话与传说。据说，尤利西斯就在奥拉克岛（土耳其语意为“镰刀状的岛”）遇到了海妖塞壬。那时候，塞壬还不是指鱼身的女人[1]，而是人首鸟身的女妖，会用歌声迷惑水手和渔夫。这座岛的周围有很多奇形怪状的陡峭小岛屿，都是火山岛，被波涛和海风不断侵蚀，形成了一道神秘的景

① 在法语中，塞壬（sirènes）指美人鱼。——译者注

观。古希腊人在这些岩石上看到奇怪的生物，也就不太令人意外了。如果这些神秘的生物不是塞壬，而是海洋哺乳动物呢？我来这座岛不是为了休息。两天以来，我在这里蹲守着，希望能看到最后的地中海僧海豹，它们主要生活在土耳其沿海，而福卡镇是最负盛名的僧海豹观测点。地中海僧海豹经常会游到奥拉克岛峭壁之间的洞穴里，遇见它们的最好方式就是静静地耐心等待，凝视着这片波光粼粼的青绿色海面。可惜，我在岛上等了许久，也不见一只僧海豹出现。现在，我才切身体会到，地中海僧海豹不仅数量稀少，还濒临灭绝。

地中海僧海豹（Monachus monachus，命名人：赫尔曼，1799）是地中海生态系统中生存的唯一鳍足类动物，还是三种最古老的海豹之一（与夏威夷僧海豹、加勒比僧海豹一起被归为僧海豹属）。雄性一般体长 1.9～2 米，有的还可达到 2.4 米；雌性平均体长 2.6 米，也可达到 2.8 米。雄性平均体重为 260 公斤，雌性为 300 公斤。这种僧海豹身形粗壮，头部较圆，口鼻部短且末端扁平，上唇很宽。雌性的毛皮为暗褐色，毛发末端带有黄色；雄性肤色似乎各不相同，从暗褐色到黑色都有，且背部带有暗黄色斑点。它们腹部颜色较浅，有大片微白色的斑块。它们的体毛很短：成年僧海豹的体毛长 0.5 厘米，幼豹的体毛长 1～1.5 厘米。

僧海豹是很特别的鳍足类动物。显然，它们的进化历程十分特别：海豹科似乎比海狮科更古老，它们起源于中新世早期（2000 万年前），最古老的海豹化石可追溯到 1400 万年前。海豹科包含两个亚科：海豹亚科、僧海豹亚科。现在已知最古老的僧海豹是维氏僧形海豹（Monotherium wymani），约有 1000 万年的历史。人们在美国东部海岸（马里兰州和弗吉尼亚州）发现了它的化石。因此，僧海豹起源于北大西洋。僧海豹随后向西衍化出了加勒比僧海豹和夏威夷僧海豹，向东衍化出了地中海僧海豹。夏威夷僧海豹的祖先可能通过巴拿马地峡（1500 万年前，该地峡可能还浸没在水中）从大西洋迁移到了太平洋，因而，它们成为非常古老的物种。至于地中海僧海豹的祖先，它们可能在 700 万年前横过大西洋来到了东部，衍化出了欧思丹佩氏海豹（Pristiphoca）和上新海豹（Pliophoca）。在穿越大西洋后，地中海僧海豹占据了地中海，在 150 万年前就到达了黑海。

两千年前，地中海僧海豹的分布区域比现在要广得多，它们分布在整个地中海，一直到马尔马拉海（伊斯坦布尔沿岸）、黑海、非洲毛里塔尼亚的大西洋沿岸、塞内加尔和冈比亚，以及佛得角、马德拉、加那利和亚速尔群岛。也就是说，不仅水手们很了解这种僧海豹，地中海各个古文明的人们也都很了解它们。[①]古时，普鲁塔克、老普林尼、亚里士多德和荷马就在著作中提到过它们。例如，亚里士多德在《动物史》一书中描述过僧海豹。荷马在《奥德赛》中多次提到了这种僧海豹："在老海神周围，带蹼的海豹成群地水下，美丽的海中神女的苗裔，从灰海中浮起，向四周散发多旋流的深海的浓烈腥气。"远远地，墨涅拉俄斯披着一张新鲜的海豹皮，混在海豹群中，给普洛透斯设下埋伏。他一点也不喜欢这种海洋哺乳动物："藏匿在海豹皮下令人实在难忍受，海中长大的豹类的气味确实太难闻。"[②]显然，僧海豹在希腊神话中占足了分量，它们侍奉着太阳神阿波罗和海神波塞冬。因而，它们既喜欢阳光，又喜欢海洋。很多神话中都有讲到僧海豹。据说，埃伊纳岛的国王艾亚哥斯热烈追求海仙女普萨玛忒，后者为了躲避其纠缠，把自己变成了一只僧海豹，然而结果却是徒劳的。随后，她和艾亚哥斯生下了儿子福科斯。人们曾在罗

---

① 威廉·约翰逊（W. M. Johnson），《古典时代晚期的僧海豹：地中海僧海豹在欧洲历史文化中的角色——从罗马帝国灭亡到20世纪》（*Monk seal in post- classical history : The role of the Mediterranean monk seal* (*Monachus monachus*) *in European history and culture*, *from the fall of Rome to the 20th century*），荷兰国际自然保护委员会（The Nederlands Commission for International Nature Protection），39号通讯（*Mededelingen 39*），2004年。

② [古希腊]荷马：《奥德赛》，王焕生译，人民文学出版社2003年版，第68—69页。——译者注

得岛发现公元前500年的希腊钱币，上面就印有这种僧海豹。此外，一些地名也与这种僧海豹有关。科林斯湾北部沿海有一片区域，古时曾名为“福基斯”；锡罗斯岛上有一个“福基亚”角；阿莫尔戈斯岛附近有一个名为“福基亚斯”的小岛。在土耳其，伊兹密尔北部50公里有一个古镇，依然保留着最初与僧海豹相关的镇名：福卡。公元前600年，福卡镇的海员们（弗凯亚人）在地中海沿岸建立了一个城邦，即马萨利亚港，这就是后来的马赛。

16世纪，法国医生和博物学家纪尧姆·龙德莱在作品中提到了这种海豹。他描述了两种僧海豹：“大洋小牛”和“地中海小牛”。前者是港海豹（Phoca vitulina），后者是地中海僧海豹（见图18）。据他所言，这种僧海豹的拉丁语名字“海中的小牛”（Vitulus marinus）和马赛当地的名字“海牛”（Boeuf de mer）来源于它们发出的声音。他还写道：“它是半陆栖半海栖的动物，在陆上睡觉、产子、进食，但它不能离开海水太久。它的皮很硬，而且汗毛浓密，背部的毛为灰黑色。它的身体到处都有斑点，腹部的毛略呈白色，紧贴头部的耳朵，很像陆上的小牛。它们嘴巴张开的幅度不大不小，白色的牙

图 18　纪尧姆·龙德莱 1558 年在《鱼类通史》中提到的地中海僧海豹插图，以及阿尔德罗万迪 1638 年在《鱼类》中描述的该海豹插图

齿尖而硬，排列紧密，类似狼的牙齿。”[①]之后，1638 年，意大利博物学家乌利塞·阿尔德罗万迪在《鱼类（卷 5）与鲸类（卷 1）》（*Vitulus marinus dans son De piscibus libri V et de cetis liber I*）中也提到了这种名为“海中的小牛”的海豹。

1779 年，人们在亚得里亚海捕获了一只海豹，根据这一样本，德国博物学家赫尔曼在一篇文章中描述了这种海豹，

① 纪尧姆·龙德莱（G. Rondelet）：《鱼类通史》（*L'Histoire entière des poissons*），历史与科学研究委员会出版社（Comité des travaux historiques et scientifiques, CTHS），2002 年。

并将其命名为僧海豹（Phoca monachus）[①]。随后，布丰伯爵乔治·路易·勒克莱尔在其著作《自然史》中更新了林奈的动物分类。在最后一卷中，他提到了8种不同的海豹和1种名为“海熊”的海狮。在海豹中，他将地中海僧海豹称为“白腹海豹”[②]。他谈道，这一时期，人们已经养了一些僧海豹，甚至驯化了它们：“这只动物目光温和，性格并不胆怯；它眼神专注，似乎流露着智慧；它对主人完全顺从，透着些许眷恋和依赖之情；我们看到，它在主人的口令下低头、打滚、翻身，伸出一只前鳍，抬起上半身直立起来，也就是说，它会把身体直立出盛满水的水箱。”之后，布丰提道：“1777年10月28日，人们在达尔马提亚沿海附近的亚得里亚湾的瓜内利岛上捕获了这只大海豹，捕获地点距离威尼斯大约322公里……当时，人们曾在亚得里亚湾捕获了几只同样大小的海豹，它们和这

---

① 拉丁语的phoca意为“海豹”，希腊语的monachos意为“孤独的”，拉丁语的monachus意为“僧人”或“隐修士”（退隐的僧人）。这种海豹独居或群栖。此外，它们的颈部皮肤有褶皱，当头往后仰时，褶皱使它们看起来像戴着僧人的兜帽。大多数西欧语言都用这种修饰语来形容该海豹，如英语、德语、荷兰语、挪威语和意大利语，都称它们为僧海豹。

② 这一时期，意大利人称它们为“白腹海豹”（foca a ventre bianco），因为它们腹部有白色斑块。

只体型一样，但从1760年起就被带到了法国和德国。”[①] 此后，人们捕获了很多地中海僧海豹，并带到欧洲各处展览。但人类和僧海豹的关系不是一直都很和谐。从古典时期起，人们就为了肉、油和皮而猎杀这种僧海豹。它们的油点亮了古希腊的众多油灯；它们的一些身体部位有所谓的药用功效：在枕头下放一只僧海豹的脚掌可以防止失眠，一条僧海豹皮做的腰带能极其有效地治疗腰病并能帮助分娩。我们很难知道，人们当时捕猎了多少僧海豹。大多数捕杀可能都在陆地上进行，海上捕猎应该比较少，因为当时的捕猎方法比较原始。捕猎僧海豹的活动一直持续到今天。波拿巴的军队从埃及征战返程时，经过了扎金索斯岛（希腊），他们曾记下人们猎杀僧海豹，获取海豹油来点灯。这种油给阿索斯、凯法利尼亚等城市带来了繁荣，直到20世纪初，因为僧海豹从该地区的栖息地消失，人们才放弃了海豹油。过去，人们曾为了生活用品而捕杀它们，到了20世纪，这种捕猎则成了毁灭性的屠杀：人们的枪械越来越精准，捕杀活动越来越频繁。渐渐地，在僧海豹的各个分布区域，众多僧海豹小群体消失了。

我们没有任何方法来统计古代僧海豹的具体数量，但至

---

① 布丰伯爵乔治·路易·勒克莱尔（Georges Louis Leclerc de Buffon）：《四足动物史》（*Histoire des animaux quadrupèdes*）第11卷，巴黎皇家印刷厂（Imprimerie royale），1782年。

少能根据一些古代文献得知，其数量有几千只。同样，我们也很难知道，地中海僧海豹的数量从何时开始减少。然而，我们几乎可以确定，在 19 世纪末，它们的数量已经骤减，而且这种数量的减少一直持续到 20 世纪，以至于严重威胁到了该物种的生存。从 1850 年起，人们就发现，它们从朗格多克—鲁西荣消失了。随后，它们从各个栖息地陆续消失：20 世纪初，摩洛哥大西洋沿海；20 世纪上半叶，加那利群岛；1941 年，以色列（海法）和埃及；二战结束后，意大利沿海；20 世纪 50 年代初，西班牙沿海（阿利坎特和穆尔西亚省）和法国沿海（伊埃雷岛和卡西斯湾）；1972 年，西西里岛（岛屿西南部）；1973 年，叙利亚（贾柏莱）；1974 年，阿尔及利亚东部海岸（艾尔卡拉）；1975 年，埃加迪群岛、突尼斯（白角和卡本半岛）、塞浦路斯（阿卡马斯半岛）和黎巴嫩（贝鲁特周围）；1976 年，科西嘉岛；1980 年，黑海。偶尔，也有僧海豹独自漂泊到这些曾经的栖息地，例如，1990 年 1 月，人们在芒通发现僧海豹；2010 年 1 月，人们又在以色列（赫兹利亚）发现僧海豹。如今，地中海僧海豹只是小规模地[①]散

① 迪迪埃·马尔谢索（D. Marchessaux）：《赫尔曼氏僧海豹的分布及境况，1779》（*Distribution et statut des populations du phoque moine Monachus monachus Hermann，1779*），《哺乳动物》（*Mammalia*），德古意特出版社（éditions de Gruyter），1989 年，53 卷 4 号，第 621—641 页。

布在土耳其和毛里塔尼亚沿海。在地中海，它们主要分布在爱奥尼亚海和爱琴海的几个希腊小岛（十二群岛、基克拉泽斯群岛、北斯波拉泽斯群岛和爱奥尼亚群岛）和土耳其小岛（格克切岛、博兹贾岛、巴巴角、阿拉恰特和福卡镇沿海）上，还有少量分布在土耳其南部（加济帕夏）、撒丁岛（奥罗塞伊湾）、巴利阿里群岛、阿尔及利亚（西海岸的奥兰附近）和摩洛哥（胡塞马和三岔角）。在大西洋，它们主要分布在毛里塔尼亚沿海（白角，亦称拉斯努瓦迪布）、德塞塔群岛和马德拉群岛。据估计，地中海僧海豹的总体数量少于 500 只，且大部分都生活在爱琴海（150~200 只生活在希腊，近 100 只生活在土耳其）和撒哈拉西部地区（近 130 只生活在白角）。其他地区的僧海豹数量十分稀少：德塞塔群岛仅有 20 多只，其他地区则更少。

它们消失的原因有很多，不能仅归结于人类捕猎。由于其进食习性，它们和渔民一直存在冲突，后者指责僧海豹吃掉了大量鱼类或破坏了渔网。然而，在鱼类资源减少的过程中，僧海豹的影响其实很小[①]，而且它们也是受害者——如果鱼类被捕捞殆尽，那就轮到它们消失了。人们大量捕鱼，正

① 僧海豹每天吃的鱼类总量约占体重的10%，即25~30公斤。它们在进食方面似乎是机会主义者，虽然主要吃鱼（鳗鱼、鲤鱼、沙丁鱼、金枪鱼、鲱鱼、鲭鱼等），但人们也曾在其胃部发现鱿鱼的残骸。

是僧海豹数量减少的直接原因。同时，有的僧海豹还会意外地被渔网和拖网困住。40 多年以来，僧海豹栖息地的破坏也是一个严峻的因素。人们在地中海沿岸发展工业和旅游业，沿海的建设活动（合法的或违章的）破坏了它们的栖息环境。这是僧海豹减少的首要因素。

因此，地中海僧海豹正面临巨大威胁，它们被 IUCN 归为“极危”物种。在希腊，希腊僧海豹研究与保护协会[①]采取措施保护它们，人们还在爱琴海建立了一个保护区，即阿腊洛尼索斯国家海洋公园。在土耳其，僧海豹也受法律保护，一些地点也被保护了起来，还有一个专家组负责跟踪保护僧海豹，即设在福卡镇的地中海僧海豹研究组[②]。

地中海僧海豹散落分布在各个小岛和沙滩上，它们十分脆弱，一场自然灾害（例如海啸或兽疫）或人为灾害（例如油船失事）就足以消灭一半数量的僧海豹。1997 年的夏季，僧海豹遭受了一场兽疫，白角（撒哈拉毛里塔尼亚西部）的 317 只地中海僧海豹有三分之二都因此死亡，只有一些“移民”勉强活了下来。

保护这一物种需要同时保护陆地和海洋，包括它们休憩

① 希腊僧海豹研究与保护协会的缩写为 MOm，MO 意为 Monachus，m 意为 monachus（地中海僧海豹的拉丁语学名为 Monachus monachus）。

② 地中海僧海豹研究组和土耳其海底研究基金会合作行动。

图 19　一只地中海僧海豹在希腊的一个岩洞中休息（图片由希腊僧海豹研究与保护协会丹德里诺斯和科塔斯友情提供）

和繁殖的浅滩及藏身的地点。我们知道，僧海豹喜欢藏在岩洞中（见图 19），因此，必须禁止人类进入，从而保护它们的圣地。虽然潜水教练不常去某些海下洞穴，怕可能打搅到僧海豹，然而，只要传出洞穴中有僧海豹的流言，该洞穴就会很快成为旅游胜地。这可能会导致僧海豹逃离自己的繁殖地，并最终消失。要想完全保护僧海豹，就应禁止人类前去观赏它们。我们希望这样一来，最后的地中海僧海豹能安静地生活下去。

第 5 章
惨烈的捕鲸行动

空气有些清凉，阳光正好，蔚蓝的天空澄碧如洗，晴朗无云。周围是连绵的山峰，山上覆盖着积雪。气氛有些嘈杂：我身边有几千只巴布亚企鹅（Pygoscelis papua）和几十只南极鸬鹚（Phalacrocorax bransfieldensis），它们叽叽喳喳地在捍卫领地或呼唤父母。我们现在就在南极半岛，这一连绵的山峰北部的尖端直指南美大陆的最南角。我们脚下的朱格拉角，位于温克岛上，隔着诺伊迈尔海峡与昂韦尔岛相望。我来这里不是为了看鸬鹚和其他南极鸟类，而是为了鲸类，更确切地说，是为了捕鲸业的幸存者而来的，该产业曾在 20 世纪初占据了举足轻重的地位。在我面前，上千块鲸骨堆叠成山：肋骨、肩胛骨、下颌、上颌和脊椎等。除去沉入水底的骨骼外，这里还有 22 头鲸的骸骨，包括许多种类：小须鲸、座头鲸和长须鲸；根据一些脊椎和肋骨的大小，可能还有蓝鲸。这些颅骨损坏严重，难以辨别鲸的种类。此外，大部分骸骨都没有颌骨，因而更难区分鲸的品种。但可以确定的是，这些都是鳁鲸！在这片“鲸墓”附近，洛克罗伊港的英国科考员们收集了一些骨骼，并拼出了一具完整的鲸骨架。当然，他们收集的是不同品种的鲸类骨骼，但每块骨骼的位置是一定的。这个骨架前端是一块巨大的上颌骨，被包在下颌骨中，其后是长长的脊椎、肋骨和两块肩胛骨。骨架全长 25 米，体型类似南半球的鳁鲸类。1911—1931 年，洛克罗伊港曾是一个供捕鲸船停靠的小港湾，许多英国捕鲸队的鲸工船都在这里停泊。我们在这里能发现许多生锈的系泊链，供当时的鲸工船使用。当时的捕鲸活动中，杀死的鲸和加工剩余的残骸遍布在南极半岛一带的小岛和海滩上。人们在南极海域大规模捕鲸，有一些须鲸品种中的 90%都被捕杀殆尽。当时，一些科学家和探险家见证到这一过度捕杀的情况，向公众提出了警告。1957 年，奥斯陆大学的约翰 · 迪德曼 · 吕德教授写道：“1913 年起，法国学者夏尔科和格吕韦尔发起运动，要求规范捕鲸业。这些先锋们确信，毫无节制的捕鲸可能会使鲸类灭绝。现在，人们的远航捕鲸活动成本高昂，即使鲸类没有完全灭绝，但其数量会急剧减少，以至捕鲸不再有利可图，而不得不暂时停止。”[1]这一先驱性的言论很快就被湮没了，

① 吕德（J. T. Ruud）：《国际捕鲸管制公约的关键调查》（*International Regulation of Whaling : A Critical Survey*），国际捕鲸委员会（International Commission on Whaling），八项报告（Eight Report），1957 年。

因为在当时的捕鲸业中，远航捕鲸成本高昂只是针对须鲸而言。他还有一点说错了。受当时南极海域的捕鲸活动影响，一些须鲸品种或亚种几乎已经完全灭绝了。为了理解这一利害得失，我们来回顾一下大型捕鲸公司在南极和世界其他海域的捕鲸史。[①]

捕猎鲸类

从 9 世纪到 19 世纪，人类主要用手操作鱼叉来捕鲸。他们首先以露脊鲸（黑露脊鲸、格陵兰露脊鲸）为目标，随后是灰鲸和抹香鲸。露脊鲸最受欢迎。灰鲸就不那么温顺了：它们一旦受伤，就会攻击船只。捕猎抹香鲸则更加艰难，因为这种大型鲸比灰鲸还要好斗，它们会毫不犹豫地攻击捕鲸艇，甚至捕鲸船[②]。当时，船员和鲸类的死亡率几乎相等。鳁鲸幸运地逃过此难：这种须鲸速度太快，而且它们一旦被杀死就会沉入海底。然而，随着螺旋桨推动力的产生，一切都变了。19 世纪末，捕鲸人开始对斯堪的纳维亚海域的小须鲸和长须鲸感兴趣了。但杀死鲸后，如何将其收回还是一个问

① 关于这方面，我强烈推荐读者们阅读罗比诺（2007）和达尔比（2008）的作品。

② 当时，捕鲸艇是用来叉鲸的小船，捕鲸船是大型三桅船，前者从后者中出发。人们还在捕鲸船上处理捕获的鲸、溶化鲸脂等。

题。后来，两个“发明”解决了这一问题：鱼叉枪和“空气压缩机”。

人们常说是挪威人斯文德·福因发明了威力强大的鱼叉枪（见图 20），但实际上，他只是改进了这种 18 世纪初的发明。1737 年，英国南海公司的捕鲸人给船队 32 艘船的艏柱上装备了鱼叉枪。对鲸类而言，幸运的是，捕鲸人还无法熟练操作这种远远先进于时代的装备。1772 年和 1820 年，英国人尝试了一些改进方法（1820 年的改进加上了活动的钩子）。1829—1860 年，美国人做出了一些带炮弹的鱼叉枪，

图 20　在南乔治亚岛的古利德维肯捕鲸站，“海燕号”捕鲸船在这里搁浅，这是甲板上怀着悲伤记忆的鱼叉枪

获得了 30 多个专利。[1]1860 年，鲁瓦 & 里连达尔公司在捕猎北大西洋的鳁鲸时，应用了火箭捕鲸炮，这种炮的鱼叉被固定在一条线上。这种装置由一个肩扛式的钢管构成，通过火箭将鱼叉推出，且鱼叉前端带有爆炸物。起初，人们用帆船进行捕鲸活动，到了 1865 年，人们开始使用机动船。1866—1867 年，该公司捕获了大约 50 头鳁鲸，但后来，该公司由于经营不善而破产。对于鳁鲸来说，这又是一个机会！但好景不长，因为许多欧洲工程师（丹麦、德国、荷兰、英国和挪威）对这种武器做了技术改进。例如，挪威人维尔森提议将这一武器安装在小型蒸汽捕鲸船的船艄。1864 年，斯文德 · 福因着手进行两项捕鲸炮改进计划，并付诸实验。1868 年，仅在一次远航捕鲸活动中，人们就用这种新武器捕获了 30 头鳁鲸。斯文德 · 福因因此获得了两项专利（1870 年和 1873 年）。随后，他改进了这种武器，在鱼叉前端加上了炸弹。很快，人们就把这种捕鲸炮固定在捕鲸船前部的平台甲板上，成了我们现在了解的捕鲸炮：这种炮重约 75 公斤，长 1.5 米，管道口径为 90 毫米。鱼叉的前端有四个可活动的分叉和一个 40 厘米长的炸弹，内含 1 公斤炸药。当铁

① 这种装置是一种特殊的枪或肩扛的金属管，它们会发射炮弹。这种鱼叉枪或捕鲸炮目的在于杀死人们抓住的动物。这种装置在捕猎抹香鲸的过程中不太管用，但对杀死露脊鲸十分有用。

制箭头插入鲸的身体 3 秒后，炸药就会爆炸，活动支会分开刺入鲸的肉里，从而防止鱼叉脱离。这种鱼叉头和捕鲸炮连在一起，由一条牢固的麻绳与捕鲸船相连（可以承受 16~19 吨的牵引力）。这种发明（或改进）可以捕捉并杀死鳁鲸，但还有另一个问题，即回收问题。我们提到过，这种鲸一旦被杀死就会下沉。因此，需要快速收回被捕到的鲸。19 世纪 80 年代，挪威人实现了给鲸的尸体“充气”的技术。他们发明了一种压缩机，能通过一个金属管道将空气注入鳁鲸的腹腔中。一旦捕到鲸，人们就会把鲸和捕鲸船系在一起，如果鲸还活着或濒死，就向其注入空气。随后，另一艘船就会把鲸收走，带到陆上捕鲸站（就像现在的冰岛）或鲸工船上（就像现在日本的南极远洋捕鲸队）。捕鲸炮开启了现代化捕鲸的时代，这一发明（以及“空气压缩机”）迅速推动了捕鲸业的发展（见图 21）。

1868—1904 年，挪威人在北部沿海（芬马克郡）开始了现代化捕鲸作业[①]，随后，他们将捕鲸范围扩大到了东北大

① 1868—1904 年，据官方统计，挪威捕鲸船队（有 635 艘现代化捕鲸船）捕获了 17745 头鳁鲸（可能将近 20000 头）。

图 21　卸除武装的捕鲸船被系在一起（日本山口县首府下关市）

西洋（1868—1916）[①]、西北大西洋（19 世纪末—20 世纪 30 年代）[②]、北太平洋（1905—1930）和南极海域（1904 年起）。北大西洋和北太平洋的鲸大大减少之后，人们将主要捕鲸区转移到了南极。原因很明显，这里有众多大型鲸，且少有人捕猎。

---

① 1883—1915 年，挪威捕鲸船队在冰岛海域捕获了 17189 头鳁鲸；1894—1916 年，在法罗群岛捕获了 6862 头须鲸；1903—1914 年，在设得兰群岛、赫布里底群岛和爱尔兰捕获了 7157 头鳁鲸；1903—1912 年，在斯匹茨伯格群岛捕获了 2180 头鳁鲸。

② 挪威人在加拿大建捕鲸站，主要在拉布拉多（4 个）、新斯科舍（1 个）和魁北克（七岛港有 1 个）。

南极的大屠杀

1904—1965 年，南极捕鲸业主要集中在南极附近的南乔治亚岛。[①] 这些捕鲸站设在陆地，主要由挪威人管理。1904 年起，这里形成了一些完全自给自足的站点。捕鲸季时（南半球夏季），每个站点居住着 1000 多人，人们从事着各种和捕鲸相关的职业。每个站点都有小教堂、体育馆、足球场、电影院、书店、装备齐全的维修厂、肉店、面包店、洗衣店等等。有的站点甚至有养牛和猪的农场。南乔治亚岛有 6 个捕鲸站（古利德维肯、利斯港、哈斯维克港、斯特罗姆内斯港、奥拉夫王子港和海洋港）。这些捕鲸站留存至今，但已不再使用。少数游客会来参观这些鬼城似的捕鲸站，在这里，古老的捕鲸船、鱼叉、绞车、锁链四处散落，屋里的水槽似乎就要塌下来了。其中最重要的是古利德维肯捕鲸站，英国探险家欧内斯特 · 沙克尔顿爵士就长眠于此。

起初，捕鲸人利用捕鲸船猎杀鳁鲸和露脊鲸。他们把鲸的尸体带到捕鲸站（南乔治亚岛和迪塞普逊岛）或海岸（南极半岛）上，以便分割鲸肉。后来，沿海的大型鲸越来越少，人们要到更远的地方捕鲸。再后来，海洋工程师设计出了鲸

① 20世纪初，英国人还在马尔维纳斯群岛建立了一个捕鲸站（纽岛和西福克兰岛）。

工船，用来在海上加工鲸类。因此，1925 年起，人们的远洋捕鲸形成了现代化组织，捕鲸活动也更加频繁。一个捕鲸舰队包括几艘捕鲸船和巡逻船，其中，补给船、冷冻船、“侦查船”和鲸工船各一艘。捕鲸船和巡逻船长 30~40 米，速度快，庞大而易于操纵，有的用于捕鲸（捕鲸船），有的用于把捕获的鲸带到鲸工船或用于维修捕鲸船（巡逻船）。鲸工船更加庞大：吨位为 2 万~3 万吨，船上有 400 多人，船上的装备类似捕鲸站，可以收回捕获的鲸、分割鲸肉、贮存并加工处理。现在，只有日本还有一支完备的捕鲸舰队。[①] 夏季，舰队的捕鲸船停泊在下关港，其中唯一的一艘鲸工船则停在东京—横滨地带。

20 世纪 30 年代初，相对于陆地的捕鲸站而言，南极和附近海域的 41 艘鲸工船有巨大优势，虽然捕鲸站更方便配备车间和备用零件（螺旋桨和发动机等）。1938—1939 年捕鲸季时，南极海域有 16 个捕鲸站，南极（南设得兰群岛）和亚南极地区（马尔维纳斯群岛、南乔治亚岛和南奥克尼群岛）有 37 艘鲸工船和 362 艘捕鲸船。这种屠杀暂停了几年，因为二战发生了。但战争结束后，欧洲和亚洲几乎完全缺乏肉类，有 11 艘鲸工船和一些捕鲸船（7 艘挪威船，3 艘英国船和 1 艘南非

① 日本的这支捕鲸舰队有 1 艘鲸工船、4 艘捕鲸船和 3 艘巡逻船。

船）重新向海洋进发。苏联人和日本人也组织了规模庞大的捕鲸舰队，前者捕鲸用于发展化工业，主要是欠发达的美容化妆行业；后者捕鲸则是为了获取人们经常食用的鲸肉。

人们在南乔治亚岛捕鲸期间（1904—1966），总共捕获了175250头大型鲸。其中，蓝鲸有41515头（1926—1927年捕获了3689头），长须鲸有87555头（1925—1926年的南半球夏季，捕获了5709头），座头鲸有26754头（1910—1911年捕鲸季达到高峰，捕获了6197头），鲁道菲氏鳁鲸（也称塞鲸）有15128头（1949—1950年捕获了1183头），抹香鲸有3716头（1950—1951年只捕获了226头）。1925—1926年，南极海域捕鲸活动达到高峰，人们捕获了7825头鲸（包括所有鲸种）。1914—1924年这十年间，鲸类遭受了最严重的屠杀（41864头被捕获）；此后十年间，人们捕获了40113头鲸。按照这一速度，南极海域的蓝鲸、长须鲸[①]和座头鲸，以及太平洋的灰鲸和露脊鲸（北太平洋和格陵兰岛的）都将被捕尽。因此必须停止捕鲸，至少应予以规范。1946年，为了规范捕鲸活动，人们在华盛顿召开国际会议并成立了国际捕鲸委员会（International Whaling Commission，IWC）。

① 如今，南极海域的蓝鲸数量仅为原始数量的5%，长须鲸数量则为10%。

近现代必须停止捕鲸

为了挽救以后的大型鲸类，19个国家的代表创立了IWC，包括法国、加拿大、英国和美国。1949年，IWC第一次会议在伦敦召开，此后，每年7月会在世界各地轮流举办会议。该委员会有以下四个目标：科学地限制捕鲸数量，保护所有未成年鲸类以保障其繁殖，建立保护区，禁止捕猎濒危鲸类。可惜，IWC没有专项权力，所以只能对违规者处以罚款。IWC的主要功能在于对捕鲸数额做出建议，同时，还成功延缓了捕鲸活动，甚至在完全或部分程度上保护了一些鲸种。由此，各种鲸类陆续受到保护：1935年起露脊鲸（黑露脊鲸、北太平洋露脊鲸和南露脊鲸）受到保护，还有1946年起的格陵兰露脊鲸，1946年起的灰鲸，1966年起的蓝鲸，1976年起的北太平洋和南半球长须鲸以及1989年起的北大西洋和其他海域的长须鲸，1976年起的北太平洋鲁道菲氏鳁鲸（塞鲸）以及1979年起的南太平洋塞鲸，1955年起的北大西洋座头鲸，1963年起的南半球座头鲸以及1966年起的北太平洋座头鲸。然而，非IWC成员的国家不遵守这些规定（偷猎鲸、未经许可就捕杀被保护的鲸种）。20世纪60年代，欧洲的英国和荷兰停止了捕鲸活动。现在，只有挪威和冰岛还在海岸附近捕鲸。日本是唯一大规模捕鲸的国家，其中有什么不为人知的原因呢?

1984年秋天，我在日本研究捕鲸活动和人工饲养的鲸类。一天，日本捕鲸协会（Japan Whaling Association）邀请我去东京参加会议。当时，我住在下田市（位于静冈县），我的朋友田坂创一是下田水族馆的海豚驯兽师，我和他一起去了东京。会议主题是关于延长日本在南极海域的远洋捕鲸期，其目的不在于为日本市场提供鲸肉，而在于更好地研究它们！实际上，IWC曾研究过一项延期捕鲸计划，并于1986年实施了这项决议。然而，由于一些日本科学家的支持，日本捕鲸业拥有了“科研许可证”，捕鲸人可以据此在南极海域继续捕鲸。日本设立了两项年度“科研计划”，目的在于研究大型鲸类的生物特性和食性环境：一项针对南极（捕400多头南极小须鲸，也能多捕400头其他鲸类，包括50多头座头鲸和50头长须鲸），另一项针对北太平洋（捕150头小须鲸、50头布氏鲸、50头鲁道菲氏鳁鲸和10头抹香鲸）。日本捕杀这么多鲸来研究，让我极其震惊！创一和我很晚才离开会场，我们决定先回旅馆。那时，我们以为这只是暂时的决议，但我们大错特错了！

当时（现在也是），很多IWC成员国认为日本这种许可是为了避开延缓捕鲸的决议。而东京的日本鲸类研究所予以反驳，认为必须通过捕鲸来获得必要信息，从而更好地管理全国的鲸类资源。据一些科学家和日本捕鲸人所言，提取科学样本后，丢弃剩余的鲸肉会浪费。因此，将它们送上餐桌、制成罐头在超市售卖成了“合法”行为。

日本人离不开海产品。20世纪50—70年代的日本市场上，鲸肉不仅普遍存在，而且价格低廉。当时，只有富人才有能力买进口肉，如牛肉或其他陆上饲养的哺乳动物。我记得，20世纪80年代，我在日本时，无论是在东京还是其他沿海城市或村庄，鱼商的货架上总有鲸肉和鲸肉罐头。但现在不一样了，在日本超市，牛肉、猪肉、羊肉和鸡肉比鲸肉更普遍。在东京，鲸肉和鲸肉罐头很稀有，而且价格比牛肉高得多。只有东京市区的36家超市和大型食品店及东京郊区的19家超市出售鲸肉。几十年以来，kujira（日语的“鲸”）肉成了奢侈食品，尤其是在东京附近。如果你问一位40岁以下的东京人是否经常吃鲸肉，他一定会诧异地看着你。日本人不再“贪吃”了。1999年，绿色和平组织做了一项调查，结果显示，只有11%的日本人支持捕鲸，14%的人则反对捕鲸。如今，据日本汉堡促销会统计，人们食用的牛肉是鲸肉的40倍。东京人吃鲸肉更少了，但港口城市和村庄的居民仍然吃鲸肉，正如我在2011年春天看到的一样。在和歌山县的渔村太地町，当地唯一的超市和各个鱼商处，鲸肉随处可见，有的鱼商甚至只卖鲸肉。其他几个城市也一样。在下关，市场上的鲸肉和牛肉一样普遍，这有以下原因：鲸肉是当地人饮食的一部分，拥有船队的捕鲸公司在这里设点，尤其在捕鲸活动结束时（冬季的六个月为捕鲸季），人们常把捕鲸船停泊在这里。人们常卖鲸的肉排、油脂、肠块和肝脏，这些也经常出现在当地餐馆的菜单中。在日本著名的唐户鱼类市场，两家零售商专卖鲸肉，大多数鱼商都卖鲸肉寿司和生鱼片，且价格低廉，十分具有竞争力。无论如何，太地町、下关市、北海道与和田浦的居民绝不会用牛肉来代替鲸肉，有时牛肉价格甚至更高！这就像我们无法禁止法国人吃马肉一样！

我们不知道鲸类是否真的处于濒危中，科学家们对此也没有统一的定论。虽然没有实际证据，但西方国家可能曾经低估了大型鲸类的数量，也想指点日本人行事，这让后者感到不快。太地市政府的历史档案员樱井速人对我说道："捕鲸不再是自然环境问题，而是政治问题。"在日本，捕鲸争议所引起的与其说是愤怒，不如说是烦恼。大多数年轻的东京人对此漠不关心，他们不吃鲸肉，因而不认为这个问题很重要。

现在，日本捕鲸业在继续，他们争取受保护鲸种的捕猎配额（长须鲸、座头鲸和灰鲸），甚至非法捕猎受保护鲸种。人们对日本市场的鲸肉进行了 DNA 研究，很快揭露了这些弄虚作假的行为。1994 年和 2006 年，新西兰和美国夏威夷的科学家们在日本市场上发现了座头鲸（1966 年起被保护）和长须鲸（1989 年起被保护），甚至还有蓝鲸（1966 年起被保护）。

不幸的是，世界有些地方还在无情地捕鲸。除了日本，还有两个国家有捕鲸业，但都是地方性的。2006 年 10 月起，冰岛（2002 年重新加入 IWC）以科研为目的在本国沿海捕鲸。

冰岛渔业部规定的捕鲸配额为 100~200 头小须鲸（2008 年捕了40头，2009年捕了81头），并特许捕猎150头长须鲸（2008年捕了 9 头，2009 年捕了 125 头）！至于挪威，1993 年起，政府就允许人们在本国领海捕鲸，年捕鲸量定为 400~800 头小须鲸[①]。这种捕鲸主要是为了生产供人食用的鲸肉，甚至动物饲料，并将其出口到日本。与捕鲸业同时存在的还有一些地区的传统捕鲸活动，名为“本地捕猎”或“土著捕猎”，这些地区的人们从史前起就食用鲸肉。他们生存条件艰苦且资源稀少，长期以来，小规模的捕鲸是他们重要的资源。他们主要是格陵兰岛[②]、加拿大（主要捕捉白鲸和一角鲸）、阿拉斯加（主要捕捉白鲸和格陵兰露脊鲸[③]）、西伯利亚（主要捕捉白鲸和灰鲸）[④]、北极地区的因纽特人和当地居民，以及加勒比海圣文森特的贝基亚岛附近群岛和格拉纳达（主要捕捉座头鲸[⑤]和多种海豚）当地居民。据 IWC 委员所言，他们的传统捕鲸活动和相关产品中有深厚的集体、家庭、社会甚至文化

---

① 2009 年，冰岛人捕获了 484 头小须鲸。

② 2009 年，格陵兰的因纽特人杀了 10 头长须鲸（其中 2 头沉没）、168 头小须鲸（其中 11 头未回收）和 3 头格陵兰露脊鲸。

③ 2009 年，阿拉斯加的因纽特人杀了 38 头格陵兰露脊鲸（其中 7 头沉没）。

④ 2009 年，西伯利亚当地人杀了 116 头灰鲸（其中 6 头沉没）。

⑤ 通常，一年只杀一头座头鲸。

纽带。IWC特许他们每年捕猎一定数量的鲸。但生态学家常常反对这种捕猎，一方面，由于回收鲸时，鲸可能沉没，从而导致另一头鲸被杀并再次沉没；另一方面，环境学家们认为捕鲸并不是传统！实际上，他们现在的生活已经不依赖鲸肉了。然而，在如今的经济危机之下，对一些居民而言，由于大城市的食品越来越昂贵，鲸肉可能成为他们的重要物资。

当今世界的巨型动物

2010年2月13日上午10点40分，我在一艘名为“钻石号”的法国邮轮的操舵室里。我们昨晚离开了阿根廷的乌斯怀亚港，向南极半岛进发。我们正在海上，距南美海岸大约160公里，位于著名的德雷克海峡中，右舷是太平洋，左舷是大西洋。南极海域非常平静，这在南纬55度以南、海风时常呼啸的海域十分难得。一个半小时前，很幸运，我们的船后跟着一群沙漏斑纹海豚（Lagenorhynchus cruciger），约有十多头。这种海豚体长约1.8米，生活在亚南极海域，很少被科学家观测到。30多分钟后，我们还遇到了5头长须鲸，它们在这儿并不少见。我拿着望远镜，搜索着一望无际的蔚蓝海面，希望能发现其他动物呼吸的痕迹，尤其是其他鲸类。突然，我发现了一束巨大的呼吸水汽，在海面上喷得很高，但无法看清它的躯体。我很快想到，这是一头鳁鲸，但是它呼吸了5~6次后就消失了。以往观察鲸的经验告诉我，再过15

分钟左右，这头鲸还会露出海面。我告诉船上的二副加埃唐，我们将在十几分钟内遇到一头巨型鳁鲸。加埃唐问我鲸的种类，我回以一个大大的笑容！他明白了，于是立即打电话给船长，向其告知我们将遇到一头特别的鲸，并转告乘客们。于是，船长帕特里克·马尔谢索便过来了解情况。我把望远镜对着“钻石号”的前方，等待这头鲸第一次出水，以验证我的预言。突然，我清楚地看见了鲸的第一次呼吸，随后是巨大的三角形头部和长长的背部，后背有一个小背鳍。这是一头蓝鲸：在20世纪漫长而毁灭性的捕鲸活动中，它的族类幸免于难。我不是第一次见到蓝鲸，每年夏天，我都会在圣劳伦斯湾见到几头。但是，我在南极海域考察了20年，还是第一次在这里见到蓝鲸，这十分难得，因为南极现存的蓝鲸数量只有最初的0.7%。

蓝鲸（Balaenoptera musculus，命名人：林奈，1758）[①] 不太确切地被称为“蓝色须鲸”，这是一种神秘的海洋动物，主要体现在其体型和体重上。蓝鲸是现今存活的最大、最重的生物。但它们不是最长的动物，因为海洋里存在体长50米的蠕虫和海蜇。

蓝鲸有四个亚种。第一种是北蓝鲸（Balaenoptera musculus

---

① 拉丁语的balaena意为“鲸”，希腊语的pteron意为“翼”或“鳍”、musculus意为“肌肉”。

图 22　小艇在圣劳伦斯湾（加拿大魁北克）遇到一头北蓝鲸，通过对比，可以大致了解蓝鲸的体型

musculus），生活在北半球（见图 22），平均体长 23~25 米；第二种是南蓝鲸（Balaenoptera musculus intermedia），生活在南半球，平均体长 26~28 米[①]；第三种是侏儒蓝鲸（Balaenoptera musculus brevicauda），生活在印度洋的亚南极海域，体长 15~20 米（最长可达到 24 米）；第四种是印度洋蓝鲸（Balaenoptera musculus indica），体长不超过 24 米[②]。迄今最大的蓝鲸在南极洲被捕获，它们的体长分别为 33.3 米和 33.6 米[③]，

① 人们在加拿大北大西洋捕获的最大蓝鲸长 23 米（纽芬兰），在北太平洋最大的则长 26.2 米。

② 有鲸类学家认为它们是侏儒蓝鲸的亚种，然而，印度洋蓝鲸和侏儒蓝鲸不同，它们的繁殖期相差六个多月。

③ 经过科学认证的最大蓝鲸体长为 29.9 米。

是两头雌性（我们曾提过，须鲸中的雌性比雄性体型更长）。我们现有的蓝鲸体重数据来源于捕鲸站（或鲸工船），不是完整的鲸的体重，而是切成块的重量。蓝鲸的体重颇具争议。二战后，人们记录了三头在南极海域捕获的蓝鲸数据：一头雌性体长 27.6 米，重 190 吨；另一头雌性体长 28.7 米，重 140 吨；一头雄性体长 27.2 米，重 127.5 吨。第一头鲸有 30 吨油脂、66 吨鲸肉和 26 吨鲸骨。现在，动物学家们认为蓝鲸的平均体重在 80~150 吨之间。上文提到的两头 33 米长的雌鲸没有被称重，很多人估计它们体重为 180~200 吨。尽管体长 33 米，蓝鲸还是远远不如古生物学家们在阿根廷、美国和中国发现的一些恐龙大。例如，在阿根廷内乌肯省的卡门·菲耐斯市立博物馆[①]和美国佐治亚州亚特兰大的佛恩班克自然历史博物馆中，有阿根廷龙（Argentinosaurus huinculensis）的骨架，体长 37 米。阿根廷龙不是唯一比蓝鲸大的蜥脚类动物。人们在石树沟（中国西北部）发现的晚侏罗纪时期（1.61 亿~1.56 亿年前）的中加马门溪龙（Mamenchisaurus sinocanadorum）体长 35 米，体重应为 75 吨左右。

---

① 在阿根廷布宜诺斯艾利斯自然科学博物馆展有一块脊椎骨，高达 1.6 米；拉普拉塔自然科学博物馆和特雷利乌古生物博物馆展有一些掌部的骨骼碎片。

蓝鲸：捕猎的衡量基准

现在回到蓝鲸上来。随着捕鲸炮的发明，捕鲸业开始瞄准蓝鲸，原因很显然：利益丰厚。只需一个鱼叉，捕鲸人就可以获得 20～30 吨的鲸脂、50～60 吨的鲸肉和 20 多吨的鲸骨。南极海域的蓝鲸十分丰富，在所有捕鲸站，蓝鲸就在手边（或者说在炮筒边）。

很快，从 1911—1912 年的南半球夏季起，人们开始大规模捕鲸，[①] 我们前文已提到。1926—1927 年，捕鲸公司尤其针对蓝鲸。在南乔治亚岛的亚南极海域，他们捕杀的大型鲸类中，蓝鲸占了 70.73%。这是一场十足的大屠杀！随着人们的屠杀蓝鲸捕获量大减，捕鲸公司从 1946 年起（直到 1972 年）开始使用蓝鲸作为大型鲸类捕猎份额的基准，也就是“蓝鲸单位”（Blue Whale Unit，BWU），即一头蓝鲸的鲸油量。其他鲸类提供的鲸油量较少。因此，一头蓝鲸（1BWU）相当于 2 头长须鲸，或 2 头半的座头鲸，或 6 头塞鲸。当蓝鲸所剩无几后，捕鲸人甚至对它们更感兴趣，这种狂捕滥杀使蓝鲸濒临灭绝。1966 年，IWC 给捕鲸公司制定了一条法规，全面保护蓝鲸。1967 年起，蓝鲸的所有亚种终于都被保护起来，

---

① 人们捕获的蓝鲸数量从 85 头（1909—1910）增加到了 3026 头（1915—1916）。

人们的努力尚且为时不晚。

那么，蓝鲸还剩下多少呢？蓝鲸是一种世界性的鲸，分布在全球各大海洋中。现在，蓝鲸总量在1万~2.5万头之间，仅为1911年（捕鲸之初）总量的3%~11%。在北大西洋，两种蓝鲸总数量为600~1500头。它们的分布区域为新英格兰到加拿大东部的海域。[①]过去20多年里，人们在加拿大东部（魁北克、拉布拉多、纽芬兰和新斯科舍）拍到了近400头蓝鲸。东北大西洋的另一群体生活在冰岛海域，其数量约为500~1000头。在北太平洋，有5个不同的群体，其中3个群体分布在北美沿海（加利福尼亚、阿拉斯加湾和阿留申群岛）。科学家们认为，东北太平洋应有1500~3000头蓝鲸，其数量也是世界所有群体中最稳定的。在东南太平洋，蓝鲸主要集中在智利沿海（它们在奇洛埃岛附近繁殖），其数量约为几百头。但人们捕杀最多的是南极海域的蓝鲸，这一群体的状况十分堪忧。据鲸类学家估计，在人们捕杀前，南极海域的蓝鲸数量在20.2万~31.1万头左右。如今只剩860~2900头，也就是原始数量的0.3%~1.3%！这一数字令人担忧，因为整个南极和亚南极海域只有1700头蓝鲸（平均数量），而1914—1927年捕鲸季时，人们在南乔治亚岛捕到的蓝鲸远远

① 在这一海域，人们捕杀了约70%的蓝鲸。

多于这一数字[①]。由此，我们便知道捕鲸活动或者说“大屠杀”对这一群体的影响了。不过，还有一些好消息。科学家们普遍认为蓝鲸数量在显著增长，冰岛海域的蓝鲸数量增长率为5%，南极和亚南极海域为7.3%。

在世界某些地方，好奇的人们可以看到一些蓝鲸群体。例如，在下加利福尼亚（主要在加利福尼亚湾的洛雷托）的冬季，蓝鲸比较常见。每年夏天，在魁北克的海湾（安蒂科斯蒂岛和珀斯附近）和圣劳伦斯河入海口（泰道沙克附近），350~400头蓝鲸会到这片鱼类丰富的海域觅食，而生态旅游者们会在此观赏。

一种不普通的“普通”鳁鲸

2010年7月，观鲸船“海骑士”号在卢普河（魁北克的圣劳伦斯河南岸）上航行，正缓缓靠近马尼夸根沿岸（圣劳伦斯河北岸），距泰道沙克几千米之遥。船长让·拉瓦和我在操舵室外，船长指挥船的时候，我观察圣劳伦斯湾海面以寻找鲸类。有时，我看到一些鼠海豚浮出水面，一些小须鲸在呼吸。我们应该是来到了海洋哺乳动物们的觅食点，很快，一些灰色海豹脑袋的出现就证明了这点。突然，船的前方出现了巨

① 1914—1915年捕鲸季，人们捕获了2313头蓝鲸；1926—1927年，则捕获了3689头。

大的水柱。三头巨大的长须鲸忽然出现，它们体长约 20 多米，径直向我们游来。我们清楚地看见了它们庞大的三角形头部、清晰的颌骨、头部隆起与上方的鼻孔。我们认出了这三头名为虎克船长、飞旋镖和纽基布朗的成年长须鲸——我们能根据它们背鳍的形状、鳍上的痕迹，以及身体的疤痕分辨它们。虎克船长和飞旋镖是两头雌性，纽基布朗的性别至今不明。这三头须鲸又潜入了圣劳伦斯湾平静碧蓝的水中。但我们清晰地看见了这些海洋巨人的体型，如纺锤般呈流线型。在离船 30 米内的海域，它们再次浮出水面，一直朝我们游来。站在“海骑士”号前方舷梯上的一些乘客害怕了，开始向船尾跑去。场面很壮观，但没有危险。长须鲸从未攻击过船只，而且我们很熟悉这三头鲸。它们利用“海骑士”号来困住鱼群并逮住它们，尽可能一口吞下更多的鱼，因此，它们喜欢我们的船。在艏柱几米开外，虎克船长、飞旋镖和纽基布朗最后又呼吸了一次。它们喷出的水柱高 5 米，细密的水珠溅到了前方乘客的身上。随后，这三头鲸弯曲身体，扎入水中，在船下潜行。其中两头转到了船的左侧，露出了洁白的下颚。我们能清楚地看到它们的右眼，这些长须鲸正在观察我们，它们在船下游过并不是偶然，也不是为了食物，而是过来看我们！的确，这很惊奇，但也常常发生。当船前方的乘客观察三头鲸的尾巴时，后方乘客在船下看到了它们的头部。如今，长须鲸是世界上现存第二大的哺乳动物，仅次于蓝鲸。在周围大约 8 公里内，

图 23　在魁北克的圣劳伦斯河入海口，一群长须鲸在游动。这种鲸在加拿大的大西洋海域和地中海很常见，但它们一直被认为“濒临灭绝”，这可能与实际情况不符

我至少看到了 12 头长须鲸。很难相信，加拿大政府认为长须鲸状况堪忧，IUCN 将其归为“濒危”物种。而在圣劳伦斯河入海口，至少从 6 月到 10 月，每天都能看到长须鲸！

长须鲸（见图23，Balaenoptera physalus[①]，命名人：林奈，1758）在世界上分布广泛。南半球和北半球的长须鲸被认为是两个独立的亚种，它们的形态和基因不同；此外，由于迁徙季相反，它们只在种内交配。据鲸类学家的区分，北长须鲸（Balaenoptera physalus physalus，命名人：林奈，1758）生

① 拉丁语的 balaena 意为“鲸”；希腊语的 pteron 意为“翼”或“鳍”，physalis 意为 “风琴”（因为其腹部的褶沟类似风琴）。

活在北太平洋和北大西洋，南长须鲸（Balaenoptera physalus quoyi，命名人：费舍尔，1829）生活在印度洋、南太平洋和南大西洋。北长须鲸中，雌性平均体长 18.5 米，最长可达 24 米；雄性平均体长 18 米，最长可达 22 米。南长须鲸中，雌性平均体长 22 米，最长可达 27 米；雄性平均体长 20.7 米，最长可达 25 米。它们的体重在 30~80 吨之间，最大可达到 120 吨。最近，一些动物学家证明了长须鲸中第三个亚种的存在，它们体型稍小（长 18~19 米），且肤色更深，生活在南半球[①]，即侏儒长须鲸（Balaenoptera physalus patachonica，命名人：伯迈斯特，1865）。

法国捕鲸人给长须鲸取了“海中猎犬”的外号，它们的确名副其实！长须鲸游泳速度很快，最快时速可达 37~40 公里，因而人们最开始用手动鱼叉捕猎时，不可能捕到它们。而捕鲸炮改变了这一切。很快，挪威捕鲸人瞄准了这种常见的鲸，先是在北欧海域，随后到北大西洋和北太平洋，最后到南极海域去猎杀它们。20 世纪 30 年代中期，随着蓝鲸的减少，长须鲸成了南极和太平洋捕鲸业[②]的支柱。

---

① 这一亚种标本存放于阿根廷的布宜诺斯艾利斯自然科学博物馆，其颅骨对公众开放。

② 仅在 1937 年，人们就在全世界捕获了 28000 头长须鲸；1953—1961 年，人们捕获了将近 25000 头。

1904—1966年，人们在南乔治亚岛海域捕获了87555头长须鲸，其中，1914—1924年，被捕获的长须鲸就占了总捕鲸量的50%。1925—1926年捕鲸季，长须鲸已占到总捕鲸量的73%。1904—1975年，据估计，人们在南极共计捕杀了70.4万头长须鲸。20世纪初，人们在北大西洋捕杀了5.5万头长须鲸。其中，在加拿大海域捕杀了13370头，在挪威海域捕杀了近1万头，在冰岛海域捕杀了1万头，在法罗群岛捕杀了5000头，在格陵兰岛捕杀了近1000头，在英国海域捕杀了近3000头，在西班牙和葡萄牙海域捕杀了1.1万头[①]，以及在远洋捕鲸中捕杀了3000头。1910—1975年，在北太平洋，人们在远洋及沿海[②]捕鲸活动中捕杀了近8万头长须鲸。1976年，IWC禁止人们在南半球捕杀长须鲸。

由于人们的捕鲸活动，长须鲸数量骤减。关于捕鲸活动之前之后的长须鲸数量变化，不同专家和报告的估计也不相同。有时，很难确定这些数字中哪个是符合事实的。人们捕鲸前，北大西洋的长须鲸有35万头，如今，只剩4万~5.6万头，其中，3500头在地中海，17355头在英国、法国、西班牙和葡萄牙海域附近。在北太平洋，人们捕鲸前，长须鲸数量约为4

---

① 其中，人们在直布罗陀附近捕杀了近7000头长须鲸。

② 人们曾在加拿大的捕鲸站（不列颠哥伦比亚省）分割了7600头长须鲸。

万~4.5 万头，如今，科学家们估计只有 1.3 万~1.9 万头。在南半球（主要是南极海域），现存的长须鲸数量仅为原始数量的 5%，据估计，仅剩下 5000 头，甚至 2000~3000 头。

IUCN 已将长须鲸列为“濒危”物种，加拿大野生动物濒危状态委员会（COSEPAC）认为太平洋的种群“受威胁”，大西洋的种群“堪忧”[①]。然而，我常年都在海洋上航行，经常在德雷克海峡和南奥克尼群岛的亚南极海域、地中海（主要是科西嘉岛附近）、摩纳哥和土伦附近，尤其是在圣劳伦斯河入海口和海湾经常见到长须鲸。长须鲸真的是“堪忧”物种吗？当然，我们必须保护这种鲸，提高警惕，并继续保护它们（一些捕鲸国越来越强烈地希望再次将长须鲸划入可捕杀的鲸种，我们应当予以反对）。同时，也不能向偏执的媒体妥协，应严格节制对长须鲸的捕杀。

鲜为人知的濒危动物：鲁道菲氏鳁鲸

世界上体型最大的三种生物已被归为“濒危”。我们前面提到了蓝鲸和长须鲸，而第三大生物——鲁道菲氏鳁鲸

① 加拿大野生物种濒危状态委员会将动物分为 7 大类，包括“灭绝”“国内灭绝”“濒危”“受威胁”“堪忧”“无威胁”和“数据不足”。如果一个野生物种“受威胁”，而威胁因素没有被改变，那么，它可能成为“濒危”物种。由于物种本身生物特性和威胁因素的叠加影响，一个“堪忧”的野生物种也可能会变得“受威胁”或“濒危”。

（Balaenoptera borealis[1]，命名人：莱松，1828），也处于濒危状态。这种大型鲸有时也被称为北须鲸，但它们不是北欧的物种；相比其他鳁鲸类，它们也不是北半球特有鲸类。它们分布在除北冰洋以外的三大洋中，喜爱温暖的水域或大洋水域，会避免去往寒带、热带水域或半封闭的海域，例如地中海。鲁道菲氏鳁鲸有两个亚种，各自分布在南北半球。北半球的鲁道菲氏鳁鲸（Balaenoptera borealis borealis，命名人：莱松，1828），雄性体长可达到17米，雌性可达到18.5米。南半球的鲁道菲氏鳁鲸（Balaenoptera borealis schlegelii，命名人：弗拉瓦，1965）体型稍大，雄性可达到17米，雌性可达到21米。鲁道菲氏鳁鲸的平均体重在12~15吨之间，也可达到29~30吨。

前文提到，随着捕鲸炮的发明和推广，19世纪末的捕鲸人开始瞄准了速度快的鲸类，如鳁鲸类。不过，在现代化捕鲸之初，鲁道菲氏鳁鲸得以幸免：它们游泳的速度太快，当时的捕鲸船几乎无法跟上。其时速能突破50公里，一些观察显示，甚至时速可达到65公里。因此，鲁道菲氏鳁鲸常使捕鲸炮手白费力气。然而，19世纪末至20世纪初，挪威人成

① 拉丁语的balaena意为“鲸”，borealis意为“北欧的”；希腊语的pteron意为“翼”或“鳍”。

功地在挪威沿海和苏格兰海域捕到了它们。[①]20 世纪 50 至 70 年代，由于人们的过度捕杀，蓝鲸、长须鲸和座头鲸数量骤减，捕鲸人就越来越多地捕杀鲁道菲氏鳁鲸。如今，其全球数量约为 5.4 万头，为捕杀之前总量的 20%。它们分布在太平洋（约 9100 头，但日本人对此提出异议，认为其数量有 2.8 万头）、北大西洋（4000 头）和南半球（1.2 万头）。

人们认为鲁道菲氏鳁鲸是稀有物种，且正在灭绝。IUCN 将其归为“濒危”，加拿大政府将太平洋的鲁道菲氏鳁鲸种群归为“正在灭绝”。1975 年，人们开始保护北太平洋的鲁道菲氏鳁鲸种群；1979 年，开始保护南半球的鲁道菲氏鳁鲸种群；1989 年，开始保护北大西洋的鲁道菲氏鳁鲸种群。然而，2002 年，日本人得到了科研特许，重新开始捕杀北太平洋的鲁道菲氏鳁鲸种群。2004 年以来，日本平均每年捕杀 100 头鲁道菲氏鳁鲸。东京鲸类研究所的科学家们表示，鲁道菲氏鳁鲸捕食的鱼类数量是人们必需的鱼类数量的 3～5 倍，日本科学家们（和捕鲸人）收集这些信息是为了“改善渔业资源的管理”。日本鲸类学家还表示，在西北太平洋，鲁道菲氏鳁鲸是分布第二广泛的鲸类，因此，它们并非是受威胁的物种。当然，这一结论在国际科学界引起了争议。西方科学家们认

---

① 仅 1885 年，在挪威海域（芬马克郡），人们就捕杀了 700 多头鲁道菲氏鳁鲸。

为，日本科学家夸大了鲸的数量，将鱼类资源减少归咎于它们，企图为日本的捕鲸活动辩护。实际上，人们对鲁道菲氏鳁鲸的胃部进行了很多研究，结果显示，这种鲸主要摄食小型甲壳类，如磷虾、桡足类哲水蚤、端足类生物和枪乌贼，鱼类只占其食物总量的很小比例。日本人会伪造数据，来为将来的捕鲸活动辩护吗？不管怎样，我们一方面要关注日本的捕鲸活动，另一方面要关心鲁道菲氏鳁鲸的保护情况，因为这种鲸是日本未来捕鲸活动的目标之一。

东北太平洋（最后关头）被挽救的灰鲸

在纳奈莫湾，一架塞斯纳 180E 全速前进并起飞。飞机距海面仅几十米，随后离开了太平洋，飞向空中，在村庄的上空滑过。接着，它转向右方，向一个海湾前进，因为我今天早晨在那里见到了进食的灰鲸。我们的飞机经过了一片斯特拉海牛曾经的栖息地，我凝视着不列颠哥伦比亚沿海蔚蓝的水面，寻找虎鲸和其他鲸类。在这一高度，我们可以看到温哥华岛北部，以及纵贯北美的山脉从阿拉斯加绵延到美国。无数岛屿上山峰起伏，岩壁陡峭，密布着针叶林。加拿大西部的这片景色十分壮丽，自然生态富饶又脆弱。我给飞行员指了指一座岛的小海湾，我就是在那里看见了两头灰鲸。我们的水上飞机向目标前进，并维持在海拔 300 米的空中，这是加拿大政府允许的乘飞机靠近鲸类的最低高度。我仔细观察着太平洋，突然，我发现一头灰鲸离开了水底，静静地浮上了海面。它全身为灰色，呈流线型。它嘴里吐出一片泥沙的条痕，蔓延到身体左侧和尾巴之外的背部：它正在进食。灰鲸仿佛是一种“抽水机”或“耙机”，用这种术语是在说，灰鲸进食时，会把泥沙和食物一起吸进嘴里。为了进食，它会下潜，侧躺着（通常右躺）沿水底前进，张嘴刮过海底，吸进一大口沙，随后，静静地浮上海面，过滤后从左侧吐出泥沙，留下软体动物吃进去。我们见证了这一过程。

灰鲸（Eschrichtius robustus，命名人：利亚伯格，1861）[①]是一种中型鲸类：雄性最大体长 14 米，雌性为 15 米。成年灰鲸体重在 26~31 吨之间，最大体重可达到 34 吨。灰鲸体长而强壮，皮肤为均匀的灰色，上面遍布着疤痕和寄生动物。无论从形态还是从生物特性来看，灰鲸都是一种特殊的动物。它们有三个（或四个）亚群，现在，其中两个生活在北太平洋（东北太平洋亚群和西北太平洋亚群）；第三个亚群已灭绝，它们曾生活在北大西洋（应包括两个亚群：西北大西洋亚群和东北大西洋亚群）。我曾就大西洋的灰鲸讨论了很久，

---

① 这个命名是为了纪念德国动物学家丹尼尔·埃施里奇（Daniel Eschricht），此外，拉丁语的 gibbus 意为“驼背”“瘤”，指的是灰鲸从背部中间到尾鳍的一些隆起。

现在，我将讨论关于北太平洋灰鲸亚群的话题。

东北太平洋的灰鲸生活在北美沿海、北极和白令海峡之间的海域，它们在楚科奇海、波弗特海（夏季觅食季节时）和墨西哥下加利福尼亚的亚热带海域（冬季繁殖季节时[①]）都有分布。灰鲸是哺乳动物中海洋迁徙距离最长的种类之一[②]：每年，它们来回迁徙15000~16000公里[③]。然而，越来越多的灰鲸都不再游到不列颠哥伦比亚、俄勒冈乃至加利福尼亚以北的海域。此外，在塞斯纳飞机上，我们看到的这几头灰鲸正在纳奈莫沿海进食，它们就是不再去阿拉斯加营养水域的成员的一部分。

从史前时代起，北美和欧亚大陆沿海的美洲印第安人与因纽特人就经常捕猎东北太平洋的灰鲸，他们当时是手持鱼叉捕鲸。对当地的努特卡人和玛卡人而言，捕鲸成了他们生活的一部分，并一直持续到20世纪（1845—1946年，他们每年捕杀的灰鲸少于200头）。1845—1846年，两艘美国舰船“希伯尼亚号”和“美国号”在马格达莱纳湾捕到了32头灰鲸。他们在随后两年的捕鲸季继续捕鲸，后来就停止了，

① 冬季时，灰鲸会来到墨西哥的三个潟湖中：兔眼湖、圣伊格纳西奥湖和马格达莱纳湾。

② 另一种须鲸有着哺乳动物中最长的迁徙距离记录，即座头鲸。

③ 似乎很少有灰鲸能完成从北极海域到墨西哥潟湖之间的迁徙路线。

因为他们发现灰鲸的鲸油质量不如露脊鲸。1855—1856 年冬季，查尔斯·梅尔维尔·斯卡蒙率领的捕鲸船“莱奥诺号”回到了墨西哥的潟湖中。相比马格达莱纳湾，他发现了灰鲸更常去的繁殖地点。于是，其他捕鲸船接踵而至，在 11 个冬季的时间里（1855—1865 年），美国捕鲸人捕杀了大量灰鲸。1874 年，人们不再在墨西哥潟湖捕鲸，因为灰鲸越来越少。1846—1874 年，据估计，人们在墨西哥潟湖和加利福尼亚海域捕杀了近 8000 头灰鲸。此后，1914—1946 年，人们开始了远洋捕鲸，在加利福尼亚、不列颠哥伦比亚和白令海峡捕杀了 940 头灰鲸。[①]1937 年以后，人们开始保护东北太平洋的灰鲸，但一些以鲸作为生活必需品的土著居民（美国和加拿大）除外。人们的商业捕鲸活动大约使这一亚群的数量从 2.3 万~3.5 万头减少到了 4000 头，这就是一场大屠杀！好在实施保护措施后，这一亚群的数量以每年 2.5%的速度稳定增长。到了 1998 年，它们的数量达到了 2.6 万头，已接近原始数量。1998 年起，它们在繁殖区域和向北迁徙途中的死亡率增加到了三倍或四倍，而出生率却从 5.2%下降到了 1.7%，随后又显著增长（2002 年为 4.8%，2003 年为 4.4%）。现在，据估计，东北太平洋的灰鲸有 2 万~2.2 万头，已恢复到了原

① 一些证据显示，苏联人和日本人的捕鲸活动没被记录，且持续到了 1937 年以后，而 1937 年正是人们宣布保护该区域灰鲸种群的年份。

始数量。这一亚群不再受到威胁，IUCN 将其归为“无危”一类，然而，西北太平洋的灰鲸亚群并非如此。

亚洲海域濒临灭绝的灰鲸

我们对西北太平洋的灰鲸了解不多。人们认为，它们的迁徙距离远远小于北美的灰鲸。这一亚群[1]分布在欧亚大陆沿海、鄂霍次克海、库页岛[2]的寒冷水域（夏季）与中国南部沿海（黄海北部和琼州海峡南部）之间的海域。“欧亚”灰鲸迁徙时，会出没于日本沿海（日本海和太平洋）和朝鲜半岛沿海。

朝鲜半岛的人们很可能从史前时代起就开始捕猎灰鲸了，韩国盘龟台岩刻的一些图案可能就是灰鲸。大约从 10 世纪起，日本人开始捕鲸，并在 17 世纪将其商业化。1840 年至 20 世纪初，西方捕鲸人加入了这个行列，在西北太平洋捕杀了几百头灰鲸。19 世纪 90 年代，日本捕鲸人用网捕杀了 44 头灰鲸；1911—1933 年，又捕杀了 1449 头。总体上，1890—1966 年，朝鲜半岛和日本的捕鲸人捕杀了 1800～2000 头灰鲸。这些活动可能给了本就稀少的灰鲸以致命一击。现在，西北太平洋的灰鲸成了世界上最稀少的须鲸，也是最濒危的种类（IUCN

---

① 这一亚群常被称为朝韩亚群。

② 20 世纪 90 年代末，人们发现灰鲸也会到库页岛海域觅食。

将其归为“极危”)。现在，它们的数量在100头左右（2008年有113~131头），其中25~35头是成年雌性。据科学家们估计，这一灰鲸亚群的数量在以每年2%~4%的速度增长。然而，它们还是有可能被日本人和中国人的渔网意外困住，也可能被人非法捕猎。2005年，该海域的三头雌性灰鲸被困在日本人的渔网中，随后溺死。2007年1月19日，有人在日本三陆町的吉滨湾杀死了一头9米长的小雌鲸。在日本沿海，人们也曾发现一头死亡的灰鲸在海岸搁浅，它的体侧插有一支捕海豚用的鱼叉。由于该海域的灰鲸和北美灰鲸之间不会相互交配，因此，这一亚群很可能会灭绝。

座头鲸：已被挽救但尚处观察之中

2001年3月，在多米尼加共和国北部的银岸，我们的帆船已经在一块珊瑚礁附近停泊了几天，这里是座头鲸（Megaptera novaeangliae）哺乳幼鲸的地方。每年冬季，雌性座头鲸会来这里生下并哺育幼鲸。在加勒比海亚热带水域的这片地区，海水较浅，水温也够暖，新生幼鲸离开母腹时，可以避免承受剧烈的温度落差。我的几个旅行同伴都是鲸类爱好者和专家，我们离开帆船，乘上小橡皮艇，向海中出发。

突然，在清澈的水中，一个幽灵般的阴影在水面下静静地划过，并向着落日进发。海面开始沸腾，这个庞然大物浮上来了。这时，一阵巨大的轰鸣打破了海洋的寂静，它喷出了一股水柱，无数水滴形成了一道彩虹。只见它庞大强壮的背部在向前行进，一个小背鳍出现了，随后，它雄伟的尾鳍向上扬起，露出水面，尾鳍边缘的大量水珠被带起又落下，就像波涛中的一股喷泉。它的尾鳍落在水平面上，随后扎入海中。

我从橡皮艇上跳入海中，水很温暖，有25℃以上。我远远地看见前方的座头鲸划过深水，它掠过多沙的海底快速前进，惊动了一头绞口鲨。它长长的胸鳍呈白色，使我能跟随它很长时间。

座头鲸经常被不确切地称为“驼背鲸”。它们十分特别，体短而粗壮，头部扁平、庞大且略圆，上面常有许多小瘤（见图24）。它们的名字与其长长的胸鳍有关，一般有3~5米，占身体总长度的23%~31%，这是由于其桡骨和尺骨长且不匀称，并不是趾骨长。它们的鳍肢后缘上有锯齿状结节，常附有寄生物。人们通常认为，座头鲸长长的胸鳍是一种缺陷！如果这是进化中的一种缺陷，座头鲸是如何在地球上生存了几百万年呢？[①]实际情况并非如此。有几次，在多米尼加

---

① 据分子研究显示，座头鲸已有500万~1200万年的历史。然而，其化石研究却无法证实这一数据，因为250万年前的座头鲸化石都非常零碎。

图 24　魁北克圣劳伦斯河入海口，一头成年雌性座头鲸跃出海面，这一行为在座头鲸中十分常见

共和国的亚热带海域，我在一些座头鲸的旁边游泳，并在水下观察它们的活动。座头鲸利用长长的胸鳍确定位置并保持稳定，因此，它们的胸鳍对于移动而言非常重要，其凹凸不平的形状有利于增加流体动力。加拿大现在应用了这项发现，借此改进风力发电机的叶片。座头鲸的背鳍很小，呈三角形或轻微的镰刀状，前面通常有一个瘤，或者顶端有一个隆起（其俗名驼背鲸由此而来）。与其他须鲸相比，座头鲸体型中等，雌性比雄性略大（只长出 50～70 厘米）。它们平均体长 15～16 米，也可达到 18 米。成年鲸的平均体重为 25～30 吨，也可达到 40 吨。尽管座头鲸的身体不太呈流线型，且重

达几十吨，但它们却是空中杂技的高手。它们会连续跃出海面 3~7 次，几个小时之内会重复多次。人们发现，鲸越肥胖，它完全跃出海面的能力就越强，露脊鲸的四个种类都是如此。以成年鲸为主的鲸跃不是游戏，大多数专家认为这是它们的一种沟通方式。

座头鲸在世界上分布广泛，通常生活在沿海，从北极到南极都有。然而，这种鲸会避免去往半封闭的海域，例如地中海；它们若出现，也只是意外。世界上的座头鲸有几大群体或亚群，它们是迁徙距离最长的鲸类：每年往返 1.6 万~1.7 万千米。通常，夏季时，它们在极地和寒冷的水域觅食；冬季时，它们在亚热带（或热带）和温暖的水域繁殖。由于南北半球的季节相反，南北半球的座头鲸从不会相遇。此外，20 世纪末，人们曾认为南北半球的两个亚种之间存在联系，但实际情况并非如此，这两个亚群之间没有任何交配行为。

虽然座头鲸的数量在觅食地和繁殖地都很丰富，但我们不能忘记，它们曾在世界性的捕鲸活动中受到重创。据估计，1860—1963 年，人们捕杀了世界上约 90%~95%的座头鲸。19 世纪 60 年代，人们转而捕杀北大西洋的座头鲸。1910 年起，北大西洋的种群数量减少，捕鲸人便将目标转向了南半球和太平洋的座头鲸。据估计，人们在南半球已经捕杀了 22 万头座头鲸（其中 10 万头为 1940 年之后捕杀的）。因此，人们必须停止捕猎座头鲸，并对其加以保护。1955 年，人们开始保护北大西洋的座头鲸种群；1963 年，开始保护南半球座头鲸种群；1966 年，开始保护太平洋座头鲸种群。1968 年，最后的“产业化”捕鲸也画上了句号。只有一些土著居民有特殊许可（格陵兰的因纽特人和加勒比群岛的当地人），每年能捕 2～4 头座头鲸。对于商业化捕杀之前的座头鲸数量，我们没有确切的估算，IWC 认为约有 1.45 万头。现在，专家们对世界上的座头鲸数量估算各不相同。这一数量似乎接近 6 万～6.3 万头，其中，1.16 万头分布在西北大西洋，4.2 万头分布在南半球，不到 1 万头分布在北太平洋。座头鲸的数量确实在默默增长，北大西洋亚群的数量甚至已接近捕鲸前的水平。因此，人们认为它们已无灭绝危险。2008 年，IUCN 重新定级了世界上的座头鲸，将其从“易危”划到了“无危”。然而，美国法律一直将其归为“濒危”物种，加拿大野生物种濒危状态委员会将座头鲸的太平洋亚群归为“受威胁”一类。

座头鲸中的两个亚群不会与其他亚群交配，这就是阿拉伯亚群和大洋洲亚群，因此，它们的未来堪忧。阿拉伯亚群是当地特有物种，常年生活在北印度洋的温暖海域，如亚丁湾、波斯湾、阿拉伯海和孟加拉湾。20 世纪，苏联捕鲸人曾大肆捕杀这一亚群，如今它们只剩 400 多头，被 IUCN 归为“濒危”物种。至于大洋洲亚群，它们生活在远海或沿海，分布在太平洋的澳大利亚东部、新喀里多尼亚、汤加、库克群岛和法属波利尼西亚之间。由于苏联捕鲸人的过度捕杀（1959—1961 年，2.73 万头座头鲸被捕杀），如今，这一亚群只剩下 1.1 万头。同样地，IUCN 也将其归为“濒危”动物。

座头鲸几乎是全世界最容易观察到的须鲸。它们是生态旅游者们的宠儿，在加拿大、美国、澳大利亚、夏威夷群岛、南极，甚至日本（小笠原群岛和冲绳岛），它们都是人们乘船赏鲸的主要对象。观察者们尤其喜欢寻找行动古怪的座头鲸。这些鲸很好奇，会毫不犹豫地接近船只，观察乘客，在游客们身边进食，甚至在橡皮艇旁边跳跃，它们很有安全感！不过，由于人们曾经在各大海洋大肆捕杀座头鲸，它们曾一度要灭绝。现在，除了极少数地区外，世界各地的座头鲸数量在逐渐恢复。人类与座头鲸漫长而沉重的历史走到今天，才出现了这种好迹象。如果说现在世界上的座头鲸已经被保护起来了，其数量已经达到了捕鲸前的水平，那么，我们必须继续保持警惕，因为日本政府仍然对它们虎视眈眈。2006 年，日本就提出要在亚南极海域捕猎 50 头座头鲸（以“科研”的名义），且此前已进行了多年捕鲸活动。很不幸，人类一直在捕鲸；但幸运的是，捕鲸规模小了。

第 6 章
濒危或近危物种

海洋哺乳动物是复杂的动物，尽管各物种的生活环境明显相似，但它们大不相同。同一个物种内，也会有不同的地理分布和亚群，甚至完全相异的种群。它们的基因、行为、形态、食性、生活习性和栖息环境等也各自独立。最近，人们把基因研究重点放在了物种的形态、种群或亚群的嵌合状况上。在某个区域，一个物种可能无危，而在另一区域，该物种的亚群却可能遭受威胁。这在齿鲸中体现得尤为明显。在此，我们将会讲述鼠海豚、宽吻海豚和白鲸的例子。一些地区特有物种由于生活在特殊的生态系统中，地理上也较孤立，环境污染和生态破坏会对它们造成毁灭性影响。一些生活在封闭环境的动物就是如此，例如河流中的物种。其他淡水海豚也可能走上白鳍豚的老路。

淡水海豚：地区特有且面临危机

我们很难想象一些鲸类会生活在河流中，尤其是海豚。由于河流是一种封闭或半封闭（河流入海口）的环境，因而河中生物对一点微小的生态灾难（污染和干旱等）都会反应敏感。我们前面提到了长江的悲剧，以及其特有的江豚消失的多种因素，其他淡水豚也可能面临这种情况。因而，生态学家和动物学家们日益密切地关注着恒河豚的两个亚种。这些淡水豚们生活在亚马孙河、恒河和印度河中。

亚马孙河全长6400公里，是世界第二大的河流系统，仅次于尼罗河[①]。其流域面积约为700万平方公里[②]，占南美洲面积的40%。在世界注入海洋的淡水河流中，仅位于热带的亚马孙河就占了其总流量的18%~20%。一般而言，大河意味着丰富多样的生物，亚马孙河正是如此。在该流域，超过三分之一的动植物生活在亚马孙热带雨林及其河流中。鱼类学家在这里记录了2100种鱼类，而且还在继续发现中。这些鱼大多不同寻常，例如令人畏惧的食人鱼、巨骨舌鱼（Arapaima

① 关于这点，一些地理学家并不认同。据一些专家所言，亚马孙河全长6259~6800公里，而尼罗河全长5499~6690公里。从官方数据来看，尼罗河长6650公里。

② 亚马孙河的流域面积具体为695万~705万平方公里。尼罗河流域面积要小得多，仅为325.4555万平方公里。

gigas)、神秘的四眼鱼(Anableps anableps)和电鳗。

亚马孙河中，还生活着四种特有的水生哺乳动物。它们分别是鼬科动物、海牛类和两种河豚。其中的亚马孙水獭，又名巨獭(Pteronura brasiliensis)，是世界最大的水獭，体长可达 2.4 米，重达 40 公斤。巨獭现在面临威胁，被 IUCN 归为“濒危”物种。至于其中的海牛类，则是指亚马孙海牛(Trichechus inunguis)，我们后文会提到。该河中还有两种河豚，分别是亚马孙河豚(Inia geoffrensis，见图 25)和亚马孙河白海豚(Sotalia fluviatilis)。

亚马孙河豚(命名人：布兰维尔，1817)是生活在河流

图 25　亚马孙河豚是只生活在南美河流中的鲸类，主要分布在亚马孙河及其附近合流的大河中，如奥里诺科河。它们生活在封闭的生态系统中，其生存完全依赖当地群落生境

中的最大齿鲸。它们体长2~2.5米，平均重100多公斤，有的重达170公斤。这种淡水河豚粗壮的身体呈流线型，前额突出，喙很长，背鳍不突出且在背部延伸很长，鳍肢很大。我们不知道它们在亚马孙河中的总数量，但从一些地段得到的数据显示，河中有50到几百头河豚。19世纪时，南美印第安人中的穆拉斯人为了获取它们的肉，在巴西的巴罗里约内格罗捕杀这种河豚，土库那人和科卡马斯人也在亚马孙河中捕杀它们。现在，这种河豚被保护了起来。IUCN认为，至少它们目前不会濒危。然而，人们对亚马孙河流域的开发力度加大，一些威胁因素开始显露，不仅威胁着森林及其生物多样性，还冲击着水生动植物的生存。矿工使用汞从岩石中分离黄金，这些汞不可避免地流入了潜水层、小溪及河流中。在马德拉河，水中的汞含量很高，以至于60%的5岁以下儿童都因汞而中毒，这是由于居民们经常大量食用河中的鱼类。其他水生动物也遭受了同样的命运，主要是食物链顶端的亚马孙河豚。

此外，另一个因素也会导致亚马孙河豚的数量减少，就是人类非法捕杀亚马孙河豚以带动当地渔业。从2000年初起，亚马孙研究所的维拉·达席尔瓦就常常在亚马孙河西部的玛米洛阿保护区河岸发现这种河豚的骨架。他对它们进行尸体解剖后发现，人们将其杀死，以获取它们的肉来作为渔线和渔网上的诱饵，从而捕获一种鲶鱼：大鳍美须鲿（Calophysus macropterus），又称东沙鸭嘴。这种鱼长50多厘米，鱼肉珍贵。仅需一头亚马孙河豚，渔民们就能捕获500公斤的大鳍美须鲶。在当地市场上，这种鱼每公斤卖50分，仅一次夜间捕鱼就能带来最高达550美元的收益，而这只需一头亚马孙河豚作为诱饵，而且这种河豚是免费的，又容易捕杀。达席尔瓦据此认为，人们已捕杀了1500头河豚来作为诱饵。因此，在11000公顷的玛米洛阿保护区内，河豚数量在以每年7%的速度减少。更不幸的是，当地还有买卖河豚肉的黑市。这种捕捞大鳍美须鲶的方式可能严重威胁亚马孙河豚的生存。

在亚洲，淡水河豚生活在三条标志性的河流中，分别是恒河、印度河和长江。我们前文提到了长江及其中消失的白鳍豚，那么，亚洲另两条河流的情况如何呢？恒河和印度河中分别生活着一种河豚。一些专家认为，恒河全长2500~3000公里，其流域面积约为90.7万平方公里；印度河主要流经巴基斯坦，它全长3180公里，流域面积约为116.5万平方公里。在印度，人们将恒河和印度河奉为圣河。

这两条河流中生活着恒河豚类（Platanista gangetica，命名人：莱贝克，1801）的两个亚种：恒河豚（Platanista gangetica gangetica，命名人：莱贝克，1801）和印度河豚（Platanista gangetica minor，命名人：欧文，1853）。在我看来，它们是最适应河流环境的豚类（见图26）。它们生活在浑浊的水中，水下可视度极低。因此，它们不需要敏锐的

图 26　恒河豚是印度河与恒河及其支流中特有的河豚，它们常常侧身游泳（图片属于瑞士奥斯特蒙迪根脑解剖研究所，由乔治·皮莱里友情提供）

视力。实际上，它们的眼睛很小，没有晶状体和色素上皮，视觉神经也很弱。从某种程度而言，恒河豚几乎是“瞎”的。在进化过程中，它们古老的海豚祖先[①]逐渐适应了河流中浑浊的水，通过回声定位（或声呐）进化出了发达的听觉系统，而非视觉系统。恒河豚类会持续发出 40～50 千赫兹的超声

① 我们拥有的它们祖先的化石很少。人们在中新世早中期（1580 万～800 万年前）的海洋地层中发现了札哈豚属（Zarhachis）及盖豚属（Pomatodelphis）的化石，认为它们与恒河豚有亲缘关系。

波，也可达到380千赫兹。如果说现在这两个亚种被无法跨越的土地隔开，那么，上新世（530万~200万年前）时，情况则大不相同。实际上，当时的恒河、印度河和布拉马普特拉河同属一个河流系统，名为印度布拉姆河。上新世末期（180万年前），该河流分化成了上述三条河流，恒河豚类也随之分为两个不同的亚种。

恒河豚生活在恒河—布拉马普特拉河—梅克纳河水系以及森古河—戈尔诺普利河水系。在印度和孟加拉的这些水系中，恒河豚曾经分布更广。从19世纪起，它们的分布区域就大大缩小了：它们在尼泊尔已经绝迹，在印度的数量也变得稀少，一些亚群几乎已经消失，唯一的大群体生活在孟加拉国的森谷河及恒河、布拉马普特拉河三角洲。这种河豚能生活在盐度高的水中，它们遥远的祖先就曾经生活在海中。夏季时，如果没遇到阻碍，恒河豚会顺着胡格利河而下直到加尔各答，或顺着布苏尔河而下直到查尔纳港。1982年，科学家们估计恒河豚的总数量在4000~5000头之间。后来经过严格统计，这一数字减少了，人们新估算出的恒河豚总数量少于2000头（1200~1800头），其中大多数生活在恒河干流中，分布在马尼哈里格特和布克萨尔之间，尤其是超戒恒河豚保护区。

至于印度河豚，它们是印度河及其巴基斯坦支流中的特有物种。19世纪70年代，它们分布在印度河3400公里的河道上。现在，它们只分布在巴基斯坦支流700公里的河段中，大约仅占原来分布面积的20%。经确认的有三个小群体，且彼此间被大坝隔离。它们生活在封闭的群落生境中，对一点点环境紊乱都十分敏感。印度河豚的数量依然很少，据估计，其数量在1000头左右（843~1171头）。60%的印度河豚都生活在古杜大坝和苏库尔大坝之间的信德河豚保护区内。

IUCN将恒河豚与印度河豚归为“濒危”物种，印度和巴基斯坦的法律也保护它们。然而，它们总是面临着各种威胁，主要是混杂的渔船引擎声。此外，有些当地人将河豚油作为搽剂以治疗阳痿，认为这种油有壮阳功效。在印度和孟加拉的部分地区，渔民把河豚油和肉当作诱饵，用网捕捞鲇鱼。因此，在以恒河为主的黑市上，河豚的需求量很大。人们用网捕捉这些河豚，或用鱼叉杀死它们。恒河豚与印度河豚的栖息环境也受到威胁：人们向河流排放污染物，还抽取河水以供农业、工业和家庭使用。

半海水域的物种也无法幸免

另外，也有豚类同时生活在一些河流、河流入海口的半海水域和热带、亚热带沿海（因此是在海水中），如拉普拉塔河豚，尤其是伊洛瓦底海豚。

拉普拉塔河豚（Pontoporia blainvillei，命名人：热尔

韦、奥尔比尼，1821），又称弗西豚，是一种特别的齿鲸（见图27）。它们体长1.5～1.7米，重40～50公斤。这种小河豚行动很隐秘，因此很难被观察到。与其名字有所不同的是，它们不止生活在拉普拉塔河，而是主要生活在海洋和河流入海口，分布在从巴西到阿根廷中部的南美大西洋沿岸。人们最近对其进行了形态和基因研究，发现了拉普拉塔河豚两个亚种的不同之处：一个生活在北部，体型小，分布在北纬27度到圣马蒂亚斯湾之间的海域；一个生活在南部，体型稍大，分布在巴西南部、乌拉圭和阿根廷沿海（直

图27　拉普拉塔河豚可以自如地生活在海洋与河流中，阿根廷、乌拉圭和欧洲科学家们在密切关注着它们（图片由纽伦堡动物园洛伦佐·冯·费尔森·德雅克·帕查友情提供）

到圣马蒂亚斯湾）。它们在拉普拉塔河入海口很常见，尤其是在乌拉圭沿海。IUCN 将其归为“易危”物种，阿根廷、巴西，甚至欧洲的学者们[1]都在关注它们的生存状态。

二战以来，巴西、乌拉圭和阿根廷沿海的渔业迅速发展，受此影响，每年都有大量拉普拉塔河豚被渔民们的渔网困住，直到今天，这一现象依然存在。20 世纪 60 年代，在乌拉圭沿海，有 1500~2000 头拉普拉塔河豚意外落入渔网中。一些学者认为，20 世纪 70 年代，在南美沿海，每年都有近 2900 头拉普拉塔河豚因此溺死，这一估算现在依然适用[2]。南美海域的污染似乎影响着拉普拉塔河豚。生物学家们在搁浅的河豚胃中发现了人工制品，例如尼龙渔网碎片、玻璃纸和塑料垃圾。拉普拉塔河豚的生存状态远远不会成为悲剧，但依然需要保持警惕。

另一种半海水豚类生活在亚洲，它们的情况就很不乐观了，那就是伊洛瓦底海豚。对一些鲸类学家尤其是分类学家

---

① 这里是指德国纽伦堡动物园的雅克 · 帕查协会成员。

② 在这些数字中，包括在南里奥格兰德州沿海溺死的拉普拉塔河豚 1300 头；在阿根廷的布宜诺斯艾利斯、里奥内格罗省和丘布特省海域溺死的 800 头；在巴西的圣保罗、巴拉那和圣卡塔琳娜州海域溺死的 700 头；在巴西的圣埃斯皮里图和里约热内卢州海域溺死的 110 头。

而言，伊河海豚类[①]像谜一般。起初，它们被归为海豚类（海豚科）；到了 20 世纪 80 年代，随着白鲸和一角鲸被归为一角鲸科，伊河海豚也被归为了此类。我们暂且不论伊河海豚（Orcaella brevirostris，命名人：格雷，1866）到底属于哪一类，它们体长 2.3～2.5 米、重 100～130 公斤，分布在热带、亚热带的印度洋—太平洋海域中，喜好河流入海口、河口湾和三角洲带泥浆的半海水，极少会游到这些地方的 60 公里之外。它们以小群体的形式生活，分布在从孟加拉湾（印度东部）、婆罗洲到越南、印度尼西亚和菲律宾（巴拉望岛海域的马拉帕亚）海域。伊河海豚有一些彼此隔绝的亚群，且完全生活在河流中：一种生活在缅甸伊洛瓦底江距入海口 1500 公里的河段内；一种生活在越南、柬埔寨和老挝南部的湄公河，在距入海口 690 公里的河段内；最后一种生活在婆罗洲的马哈坎河和塞马扬湖，在距入海口 560 公里的河段内。此外，还有另两个亚群生活在湖泊中，即印度吉尔卡湖和泰国宋卡湖。我们不知道伊河海豚的总数量，据估计，它们在孟加拉国沿海的数量为 5380 头，在孟加拉国苏达班红树林的数量为 450 头。

---

① 伊河海豚包括两种海豚，其中一种近年来才被发现（2005 年）。它们分别是伊洛瓦底海豚和澳大利亚短平鼻海豚（Orcaella heinsohni，命名人：比斯利，罗伯逊，阿诺德，2005）。

伊河海豚生活在沿海和城市化区域的河流中，面对人类活动，它们显然十分脆弱。伊河海豚也是刺网的受害者，一些海豚还死于爆炸捕鱼（泰国和越南使用这种方法）。此外，固定渔具越来越多，这些渔具都成了水下陷阱。在湄公河，预计建设的大坝很可能会阻碍伊河海豚的行动及其猎物的迁徙。在塞马扬湖、吉尔卡湖和宋卡湖，人们的破坏植被和采矿（采金）作业严重损害了淡水环境，间接威胁到了伊河海豚。

通常而言，如果说 IUCN 仅将伊河海豚整体归为“易危”物种，那么某些地区的淡水亚群则受到了严重威胁，甚至可能在不久的将来灭绝。这些亚群是印度尼西亚的马哈坎河亚群（近 70 头）、菲律宾的马拉帕亚亚群（70~80 头）、湄公河亚群（少于 125 头）、缅甸的伊洛瓦底江亚群（58~72 头），以及泰国的宋卡湖亚群（成年个体少于 50 头）。

驼海豚：受到城市化威胁

在平静的海面上，两艘拖网渔船在并排航行，海水呈浑浊的绿色或棕橙色。这两艘钢制的船之间有一张巨大的网，网两端分别挂在船的两侧，用来搜罗大屿山和香港新界之间 20 米深的海峡底部。在两艘船的航迹后面，一些白色或红色的背部忽然出现了一下，又神奇般地消失了。这里现在没有阳光，所以不可能是错觉。这三头海豚在利用渔船来轻松捕获落入陷阱的小鱼，它们是印度—太平洋驼海豚（Sousa chinensis，命名人：奥斯贝克，1765）。

西方人称香港地区的这种鲸为“粉红海豚”，中国人则称它们为“中华白海豚”。这种海洋哺乳动物的特别之处就在于它们的颜色：全身粉红。一些个体，主要是最老的海豚，皮肤可能呈玫瑰红色。“粉红海豚”平均体长 2 米，最长可达 3.2 米；平均体重为 85 公斤，最大可达 139 公斤。它们（和大多数海豚一样）生活在沿海，而非大洋中，这是它们的身体相对粗壮的原因。它们生活在河流入海口较浅的水域，分布在印度洋（铅灰驼海豚亚种，Sousa chinensis plumbeus）和西太平洋（中华白海豚亚种，Sousa chinensis chinensis），尤其集中分布在东南亚的热带水域。有时，该亚种的一些海豚会游到亚洲的河流中，例如中国长江。

香港的“粉红海豚”情况特殊。20 世纪 90 年代初，当香港开始建设赤鱲角国际机场时，人们发现了它们。这项工程造成了噪声危害和海洋污染。当时，人们在大屿山北部频繁地发现搁浅的海豚。随后，他们就在新机场附近海域发现了“粉红海豚”的踪迹。这引起了生物学家的兴趣，生态学家们则为了这种海豚而反对该工程。这种几年前还不为人知的海豚后来成了香港环境的象征。不过，这种海豚一直都是香港物种，几千年来都是如此，只是没有人注意到它们，可能除了渔民之外！

在香港岛阿伯丁海洋公园的基金会办公室，负责人约瑟芬·吴和协助她的科研项目负责人杰茜卡·王一起向我说明了人们对这种鲸类的了解情况：几乎一无所知。首先是由于人们近期才发现这一物种，其次是人们很难在其生活的海域跟踪它们。由于这种海豚分布在中国香港、内地和澳门新区海域，因此，要研究它们，就需要政府投入大量资金来支持相关的后勤工作。这涉及三个不同的地方政府，尽管这些地区如今同属一个国家。然而，得益于地方政府间达成的一致，约瑟芬对该海豚的长期研究持乐观态度。如果说，科学家们由于缺乏数据而难以言明这种海豚在香港的未来，那么，生态学家们则对此非常悲观。

如果说驼海豚还没有受到威胁，那么，香港一些专家则认为本地的亚群状况堪忧。在香港，由于《野生动物保护条例》的实施，“粉红海豚”受到保护，但 1995 年之前，它们栖息的环境没有得到任何保护，直到 1996 年《香港海洋公园条例》颁布。现在，它们有了一片庇护所，但作用太小，就像投入海洋的一块石子般波澜不惊！世界自然基金会（WWF）的玛格丽特·陈向我阐述了一些问题。1989—1998 年，人们在香港海滨发现了 59 具搁浅的“粉红海豚”尸体，对一个这么小的群体而言，这一数量很大。海洋不会把所有海豚尸体都推到海岸，因此可以想到，它们的死亡率一定更高。我们在搁浅的海豚身体中发现了高含量的有机氯化合物（多氯联苯和 DDT 杀虫剂）以及其他致癌化学物，它们是由于捕食受感染鱼类而中毒死去的。同时，人们还在它们生活的海域过度捕鱼。在香港海域，政府对此没有任何规定，因而没有秩序。通过解剖，人们发现一些“粉红海豚”身上有被渔网或小刀割伤的痕迹，说明它们曾被渔民捕到，随后又被扔回大海，它们也可能因此而死。

据中国鲸类学家估计，香港海域的“粉红海豚”亚群数量在 80~140 头左右，不包括生活在澳门和珠海附近的 200 多头。在印度—太平洋的珠江入海口，有 1200~1300 头驼海豚，香港和澳门的驼海豚是其中的一部分。如果说香港的小亚群处于濒危状态，那么珠江入海口整体的亚群则相对安全，但也仅就目前而言①！

对台湾海峡东部的印度—太平洋驼海豚而言，情况大不相同。据鲸类学家估计，台湾西部沿海（515 平方公里的海域）、后龙和中港溪入海口（北部）、外伞顶州河入海口（南部）的驼海豚数量总共在 90~100 头之间。如果说有的海豚只是意外被渔网困住，那么，栖息地破坏和环境污染似乎就是威胁它们生存的主要因素了。如今，IUCN 将这一亚群归为“濒危”物种。

---

① 我们不知道印度—太平洋驼海豚的总数量，但是，就其亚种中华白海豚而言，中国厦门海域有 80 头、雷州半岛沿海有 235 头，澳大利亚昆士兰的克利夫兰湾有 40 多头、摩顿湾有 140 头。至于铅灰驼海豚亚种，在南非好望角区的阿尔戈阿湾有 450 头，夸祖鲁·纳塔尔区的理查德湾有 200 头；此外，莫桑比克的马普托群岛有 100 多头、巴扎鲁托岛有 60 头，坦桑尼亚桑给巴尔有 60 多头。

图 28　鼠海豚曾经在欧洲水域很常见，而现在它们越来越稀少，原因尚且不明

欧洲海域濒危的鲸类亚群

在不久的将来，有些欧洲鲸种可能会灭绝，鼠海豚（见图 28）是其中最受威胁的鲸类之一。我们前文提到，鼠海豚不是海豚类，它们与海豚主要的不同之处在于它们没有喙，且体型较小。鼠海豚（Phocoena phocoena，命名人：林奈，1758）曾经很普遍，而在欧洲海域，它们现在似乎在减少。其中，最受威胁的是波罗的海和黑海的鼠海豚亚群。

波罗的海是半封闭内海，通过北海与大西洋相通，其间有狭窄的海峡相连：卡特加特海峡和斯卡格拉克海峡（丹麦、挪威和瑞典之间）。这片海域周围有许多欧洲国家，包括德国、丹麦、爱沙尼亚、芬兰、拉脱维亚、立陶宛、波兰、俄罗斯和瑞典。该海域平均水深 55 米，潮水非常微弱（仅约 30 多厘米）。因此，这里的海水更新很缓慢（30 年才能整体更新一次），且海洋环境面临威胁。2005年，世界自然基金会警示，该海域的大部分鱼类都受到了污染，不能在欧洲市场上售卖。在全球十大缺氧海域中，仅波罗的海就有七个。一小群鼠海豚生活在波罗的海中，生活状况好坏交替，它们在尝试适应这片饱受威胁的海域。我们已经知道，有550~600头波罗的海鼠海豚（其中约有250~300头成年个体）长期在这里生活。通过基因和形态学研究，人们发现，波罗的海鼠海豚与卡特加特海峡、斯卡格拉克海峡和北海中生活的鼠海豚不同，它们是一个独立的亚群[①]。德国的环境学家和科学家们十分关注该亚群，很多人认为它们濒临灭绝，IUCN也将其归为“极危”物种。人们曾经大规模捕猎波罗的海鼠海豚，那时，这些鼠海豚在冬春季节会迁徙到丹麦的峡湾中。在19世纪，人们平均每年捕1000头鼠海豚，到20世纪，这一数字增加到2000头，1940年以来就更多了。现在，波罗的海鼠海豚受到人们的保护，但它们经常意外落入渔网（刺网和流网）和拖网中。仅在波罗的海的德国海域，每年就有3~5头鼠海豚死在渔网中。污染问题对它们未来的生存威胁更大。由于鼠海豚位于食物链顶端，它们的油脂中会积累很多该海域鱼类的毒素。人们测量了波罗的海的鼠海豚样本，结果明确显示，与卡特

① 该亚群生活在波罗的海西部，数量约800~2000头。

加特海峡和斯卡格拉克海峡的鼠海豚相比，它们体内的多氯联苯含量要高出254%。由于它们体内有很多毒素，它们对任何形式的感染都十分敏感。

地中海是欧洲另一个半封闭海域，罗马人将其称为“我们的海洋”，其对外的唯一出口是直布罗陀海峡。地中海位于三个大洲之间，沿岸有多个欧洲、中东和北非国家，因此，这片海域受人类活动影响很大。地中海周围生活着1.5亿人口，每年还吸引着2亿游客来沙滩观光休息。同样地，这里的海运也很频繁，世界上20%的油船和30%的货船都会由此经过。[①] 地中海有1万~1.2万个物种，占世界海洋物种总数的8%~9%。其中，特有物种丰富，尽管就特有物种的种类数而言，地中海只占据了世界第二。在这些动物中，有不到30种鲸类生活在地中海，其中一种在西部海域逐渐消失，这就是短吻真海豚。

短吻真海豚（Delphinus delphis，命名人：林奈，1758）是常见的海豚科动物。通常，真海豚生活在亚热带温暖的大洋中，在其分布海域很常见。在地中海，它们在东部海域很常见，但在西部，尤其是西北海域，它们的数量越来越少。通过分子基因研究，我们发现，地中海短吻真海豚处于孤立

① 每年经过地中海的船舶数量为12万艘。

状态，是该地区的特有物种，且与北大西洋亚群[①]之间没有任何交流。短吻真海豚有几个小亚群，但实际上彼此之间似乎相互隔绝[②]，这会威胁到它们的未来。事实上，如果其中一个亚群消失，就会给真海豚造成重大损失！从20世纪60年代起，地中海西部的短吻真海豚越来越少，另一种海豚取而代之，即条纹原海豚（Stenella coeruleoalba，命名人：迈恩，1853）。真海豚数量骤减，以至于法国沿海的人们只会偶尔看见它们。其中的原因是什么呢？人们提到了几个因素，例如被渔具误捕。1989年至1990年间，西部海域的条纹原海豚感染了一种病毒，此后，人们就经常在利古里亚海见到短吻真海豚了，而此前，人们从未在这片海域见过它们。这两种海豚间似乎存在竞争关系。在地中海西部海域，真海豚可能濒危，也可能只是数量减少，该亚群被IUCN归为"濒危"一类。

黑海是欧洲另一个生态问题严重的海域，它的地理、地质和海洋特点以及周边的城市化，都是加剧其生态问题的因素。黑海是一个半封闭的跨洲内海，与地中海相通（通过马

---

① 免疫学研究也证明了这点。实际上，地中海真海豚，至少是阿尔沃兰海（瓦朗斯湾）的真海豚，它们感染有机氯化合物的比例是大西洋真海豚的两倍。此外，这两个亚群的体内没有相同的污染物。

② 地中海条纹原海豚似乎也是如此。

尔马拉海和爱琴海)[1]，中间隔着博斯普鲁斯海峡，这一长十几公里的狭窄海峡分开了欧亚两洲。黑海东西跨度1150公里，南北跨度600公里，面积约为41.3万~43万平方公里，海水最深处为2206米。广为人知的是，黑海是世界上最大的部分垂直环流海盆（深层海水与表层海水不对流）：90%的深层海水（水深200米以上）都缺氧，即水中溶解的氧气量很低。这里生活了三种鲸类的亚群，都处于封闭的环境中，是黑海的特有物种。它们分别是宽吻海豚、真海豚和鼠海豚。IUCN将它们归为最受威胁的海洋哺乳动物类。

宽吻海豚（Tursiops truncatus，命名人：蒙塔古，1821）是人们最熟悉的齿鲸类。它们体长2.5~3.5米，重200~300公斤，身体呈灰色，无论是在沿海、大洋，还是人工养殖环境中，这种海豚都最为常见。鲸类学家记录了两个亚种[2]和多个区域的不同品种[3]。其中一个亚种主要生活在黑海，即黑海宽吻海豚（Tursiops truncatus ponticus，命名人：巴拉巴什·尼基福洛夫，1940），它们在整个黑海水域、刻赤海峡和亚速

---

① 黑海东部还通过刻赤海峡与亚速海相通。

② 这两个亚种分别为宽吻海豚指名亚种和黑海宽吻海豚。

③ 让-皮埃尔·西尔维斯特（J.-P. Sylvestre），《宽吻海豚及其近亲》（*Le Grand Dauphin et ses cousins*），德拉绍与尼埃斯莱出版社（Delachaux et Niestlé），2009年。

海都有分布。黑海鼠海豚（Phocoena phocoena relicta，命名人：阿贝尔，1905）也是如此。不过，短吻真海豚黑海亚种（Delphinus delphis ponticus，命名人：巴拉巴什，1935）只生活在黑海和博斯普鲁斯海峡，从来不会游到亚速海及其海峡中。苏联、罗马尼亚、保加利亚和土耳其人大量地商业化捕杀这三种齿鲸，以获取它们的肉和其他产品（人们用海豚制作油、涂料、清漆、皮革、胶水、肥皂、化妆品、肥料、医药和食品等）。从 20 世纪 30 年代起，人们对这些小鲸类的捕杀实际上已演变成大屠杀。50 多年间，人们捕杀了成千上万头真海豚和鼠海豚。庆幸的是，人们在 20 世纪 90 年代停止了捕杀。那它们的数量还剩多少呢？我们无法估计鼠海豚的数量，至于短吻真海豚黑海亚种，它们的数量应该减少了 30%以上，即大约至少减少了 2 万头，甚至多达 10 万头。至于黑海中数量最少的宽吻海豚，其数量也大大减少。它们被捕杀前约有 1.5 万头，如今只剩下大约几千头。现在，黑海的海豚们经常遭受各种威胁：被渔具误捕、污染、栖息地破坏以及疾病威胁等。

如今，IUCN 根据同一划分标准，将短吻真海豚黑海亚种归为“易危”物种，将另两个海豚亚种（宽吻海豚和鼠海豚）归为“濒危”物种。这些海豚的优势在于曾经数量很多，因此，近期或中期内还可以生存下去。不幸的是，它们的未来和它们栖息海域的名字一样，一片黑暗。

遭遇困境的白鲸

人们常常以为北极是一片未被开垦的处女地，没有其他城市化地区的污染和环境问题，这完全是错误的！从 19 世纪起，人们就开始开发北极地区了，人类在这里居住（先是因纽特人，随后是白人“移殖民”），这片地区也成了军事、政治、商业，尤其是能源的战略重地。因此，在人类世，人类活动越来越多地影响到北极，例如全球变暖和南部沿海国家的污染。北极动物因此受到威胁，例如我们将提到的北极熊。

在北极和亚北极海域，有两种鲸类在此生活：白鲸和一角鲸[1]。它们同属于一科（一角鲸科）。白鲸（Delphinapterus leucas，命名人：帕拉斯，1776）不是须鲸[2]，而是一种全身白色的大型“无翅海豚”（见图 29）。它们体长 4~5 米，重 0.5~1.5 吨，主要生活在北极和亚北极的沿海水域甚至河流

① 一角鲸（Monodon monoceros，命名人：林奈，1758）是一种标志性的神秘物种。它们体长 3~4 米，上颚处有一个很长的螺旋状牙齿（尤其是雄性），牙长 2~3 米。它们被因纽特人捕杀，其世界总数量约为 8 万头，IUCN 将其归为“易危”物种。

② 白鲸常被称为“白色须鲸”，但这并不准确。须鲸类要有鲸须，而白鲸却是有牙齿，因此它们是齿鲸类。

图 29　一头雌性白鲸和它的孩子在一起。白鲸生活在北极和亚北极海域，从全世界范围看，它们完全没有濒危，尽管有一些大众媒体提到它们濒危

中[①]。总体而言，这一物种没有受到威胁。它们的总数量约为 11 万~15 万头，IUCN 将其归为“近危”物种。然而，一些地区的白鲸亚群却遭遇了困境。白鲸有 18 个亚群：5 个在阿

① 让-皮埃尔·西尔维斯特(J.-P. Sylvestre)：《白鲸》(*Le Béluga*)，《动物调查集》(*Les animaux en questions*)，人类出版社（Les Éditions de l’Homme），2005 年。

拉斯加[1]，6个在加拿大[2]，1个在格陵兰[3]，1个在斯匹茨伯格（斯瓦尔巴群岛）[4]，5个在俄罗斯[5]。能够遇到白鲸并长期观察它们，我感到很愉快。

1991年6月6日。我们的赛斯纳飞机掠过阿拉斯加的荷马市上空，经过库克湾，向着卡特迈公园进发。我的朋友伊夫·卡马尼奥尔是法国航空公司的飞行员，他一边看着我的飞行计划，一边操纵飞机。我透过玻璃窗，看着窗外晴朗阳光下的风景。这里是白鲸和一些虎鲸的栖息地。一些白色小点出现了，在阿拉斯加寒冷的水面下划过，这就是白鲸。我们在它们上方300米处飞过，并在上空围绕它们盘旋。这些白鲸向各个方向游来游去，在水下出现又消失。毫无疑问，

---

① 阿拉斯加的白鲸分布在库克湾（200~300头，可能更少）、布里斯托尔湾（1550头）、白令海（1.8万头）、楚科奇海东部（1200头）和波弗特海（3.926万~4万头）。

② 加拿大的白鲸分布在昆伯兰湾（1500头）、昂加瓦湾（小于50头）、哈德森湾西部（2.43万头）、哈德森湾东部（3100头）、圣劳伦斯湾及入海口（1200头或更多）、加拿大北部和巴芬湾（2.121万头）。

③ 格陵兰有7950头白鲸。

④ 据估计，斯匹茨伯格有几百头白鲸。

⑤ 我们对俄罗斯的白鲸亚群了解甚少，其中一个亚群生活在俄罗斯中部及东部，另外四个生活在俄罗斯北冰洋西部海域（巴伦支海南部、白海、喀拉海、喀拉海沿岸海域及拉普捷夫海西部海域）。除了白海亚群之外，我们对这些亚群几乎一无所知。据估计，白海亚群约有1000头白鲸。

它们正在捕食鱼群。这里的白鲸就是因此而被人责怪的，但不久后，它们将会彻底绝迹。阿拉斯加库克湾（安科雷季市附近）的白鲸是最受威胁的亚群之一，其数量已经骤减，被 IUCN 归为“极危”物种。1979 年，其数量约为 1290 头；2005 年，其数量仅有约 278 头，即 26 年内减少了 78%。按照这一速度，30 年后，这里的白鲸就会消失。该亚群数量减少的原因多种多样。长期以来，美洲印第安人为了生计而捕杀它们，促使其数量下降[①]。现在，美国政府及阿拉斯加当地政府都在保护这种鲸。然而，2000—2006 年，还是有人非法捕杀了 5 头该亚群的白鲸。这里还有其他严重威胁它们生存的传统因素：捕鱼、污染（化学和噪声）、航运和栖息地破坏（主要是城市径流和垃圾处理）。

1996 年 8 月 2 日，艾萨克 · 阿诺瓦克刚打开了他的广播。他是一个住在厄缪亚克的因纽特人，这个位于努纳维克（魁北克北部）的小村庄有 280 位居民。现在是当地时间 19 时，是不同地区的因纽特人使用广播沟通的时间。土著居民捕猎白鲸的活动刚刚开始。在魁北克这一亚北极地区，这时所有哈德森湾东部的因纽特人都在听广播。一些哨员在纳斯塔波卡河入海口扎营，白鲸经常游到此地。这些哨员在此就是为

---

① 另外，还应提到的是，1972年前，库克湾的白鲸是人们的商业化及“运动性”捕鲸活动的对象。

了通知伊努朱亚克、波乌恩尼图克、阿库里维克、伊武吉维克、厄缪亚克和库朱瓦拉皮克的村民们鲸类的到来。"'克拉路卡'（kilalugait，因纽特人对白鲸的称呼）来了。"艾萨克打电话给他的表亲西摩尼·阿诺瓦克，让他一起准备。他们要第二天早晨出发捕鲸，让我一起去。他们用带浮子的鱼叉捕鲸，可以防止鲸在死后下沉。第二天早晨，艾萨克在纳斯塔波卡瀑布下面捕杀了一头白鲸，随后把它和划艇扎实地捆在一起，运到了河岸。到岸后，多个伊努朱亚克的因纽特家庭开始把白鲸切块。鲸很沉，至少重 500 公斤，四个人才能勉强把它搬到沙滩上。艾萨克和西摩尼毫不迟疑地拿出了磨好的大刀，去除白鲸长长的脊骨，把尾鳍和胸鳍从身体上切离，将鲸皮切成小块（即食用鲸皮）。他们至少切下了 150 公斤鲸皮和油脂，并放在一块巨大的岩石上。随后，他们开始处理庞大的脊肉。当鲸被切完后，他们把剩下的残骸留给食肉动物（北极熊、黑熊、海鸥、狼和狐狸），开始生吃切成小片、带着浓稠皮下油脂的鲸皮。

1995 年 8 月，我来到昂加瓦湾考察白鲸的另一个亚群。帕比加多克是康吉苏加的因纽特人，他操纵着 5 米长的小木舟，迅速地向哈德森海峡的三个海象栖息地之一前进。几天以来，我们一直沿着昂加瓦湾西北海岸搜寻，没有发现当地最后的白鲸。我们最后的机会就是附近的海象栖息水域了，该海域位于努纳维克和拉布拉多北部之间。可惜，我们在那里也没发现白鲸。2001 年，据加拿大生物学家们估计，该白鲸亚群的数量少于 50 头。一些学者认为，该亚群如今已完全消失。多年以来，没有人在该海湾再见到过白鲸。人们唯一看到的一些白鲸可能来自哈德森湾，并从哈德森海峡经过。

2009 年 7 月 31 日上午 7 时，“海骑士”号观鲸船在魁北克的卢普河上航行，我待在船的上层甲板上。跟每天早晨一样，我观察着圣劳伦斯河[①]入海口的水域及河流南岸，我能清楚地看见对面的野兔岛。天气晴朗而炎热，风力很弱，海面平静。在卢普河和野兔岛之间，许多白点出现在圣劳伦斯河中，随后又消失在水下，至少 200 头白鲸在向西前进。两小时后，我们的“海骑士”号离开了卢普河码头，向着萨格奈河入海口和贝热罗讷地区前进。在一个半小时的路程中，我们不断地看到一群群的白鲸。一些白鲸在向西前进，另一些在从南向北游。此外，还有大群的白鲸离开萨格奈河，向里穆斯基游去，朝着东南方的入海口前进。在早晨的这次巡航中，我很难确定这些鲸的数量，但大约在 700~800 头之间。那一天，白鲸数量很多，这种现象每个季节只能看见一到两

---

① 圣劳伦斯河是一个庞大而复杂的水系，全长3000多公里。它包括三大区域：河流（淡水）、入海口（半海水和海水）和海湾（海水）。该河流位于五大湖区域和魁北克市（因此，河流经过蒙特利尔）之间，魁北克市东部就是入海口。白鲸不在圣劳伦斯河的河道中生活，但会在其入海口和海湾中生活。

次。这特殊的一天过后，便产生了一个基本问题：我们几乎看到了圣劳伦斯河的全部白鲸吗？实际上，据专家推测，大约有 800~900 头甚至 1000 头白鲸在圣劳伦斯河生活。在魁北克若利山的莫里斯·拉蒙塔涅研究所，据韦罗妮克·勒萨热和麦克·哈米尔估计，白鲸数量应该更多，应为 1100 头甚至 1300 头。我在当地考察了许久，四个月里的每天早晨 8 点到下午 5 点都在观察，我认为当地的白鲸数量甚至更多！我也不是唯一这么想的人！为什么这么多人对其数量的估计都大不相同呢？

一万多年以来，圣劳伦斯河的白鲸亚群与世界其他地区的亚群相互隔绝。它们是圣劳伦斯河入海口的特有物种，长期以来都只生活在当地的海洋生态系统中，只会小范围地迁徙到圣劳伦斯河内，而从来不会游到河湾以外。它们广泛分布在库德尔岛（西部）、河北岸的七岛港和河南岸加斯佩半岛上的格朗德瓦莱地区（东部）。人们曾长期捕猎该白鲸亚群，在 20 世纪 40 年代，其分布区域实际上更加广泛，直到河北岸的纳塔什昆和河南岸的沙勒尔湾都有分布。20 世纪初，人们认为圣劳伦斯河有 5000~10000 头白鲸，随后，人们几乎不再关注它们。1960 年，人们粗略估计该地区白鲸亚群的数量约有 1500 头；1970 年，估计约有 500 头；1978 年，估计有 350 头。到了 20 世纪 80 年代初，人们认为白鲸是濒危物种[1]，会在新的千年到来之前彻底灭绝。然而，这一数据并不准确！该地区的白鲸亚群数量应是 900 头，甚至 1000 头以上。2004 年，人们重新评估了该亚群的生存状态，将其改为“受威胁”物种。加拿大科学家们认为，20 年以来，该白鲸亚群的数量保持了稳定。尽管科学数据毫无疑义，但有的博物学家和生态学家们还是认为，其数量只有 700～900 头。糟糕的是，一些国家和地方媒体引用了这些错误的数据。如果白鲸就其数量而言并没有濒危，那它们有一直受到威胁吗？我个人认为没有，至少近期或中期来看不会，但长期来看，有可能受到威胁。如果圣劳伦斯河入海口的水会每天更新两次，被东部的大西洋海水替代，那入海口西部的河水还是会携带从五大湖（美国和加拿大之间）流来的工业污染物。圣劳伦斯的白鲸会回到萨格奈河及其峡湾中，而这些地区化学污染严重，后果就是这些白鲸会被感染。每年，圣劳伦斯国家环境污染研究所的生物学家们都会研究搁浅白鲸的尸体，结果发现它们都携带有毒化学物，例如重金属（镉、汞、铅等）、有机氯化合物（多氯联苯、DDT 和灭蚁灵）、多环芳烃（PAH）和苯并芘。这些白鲸的免疫力下降，染上各种疾病（由寄生物、原虫、病毒及细菌感染引起的肝炎、皮炎、溃疡、肺和

① 1983 年以来，加拿大野生物种濒危状态委员会将圣劳伦斯的白鲸亚群归为“濒危”物种。

胃脓肿、脾纤维性变、呼吸道和胃肠疾病等）。北极地区的白鲸完全没有这些疾病，这些病直接或间接地都与无法被生物降解的化学毒素有关。

的确，圣劳伦斯的白鲸未来会受到威胁，但人们没必要对其采取极其严格的保护措施。实际上，加拿大渔业及海洋部禁止任何沿河居民和远航船只接近它们。在我看来，这项举措很难推行。因为一方面，白鲸遍布圣劳伦斯河入海口；另一方面，白鲸好奇心很强，它们会毫不犹豫地接近船舶，以观察乘客并和船只嬉戏。我们能阻止它们吗？至于其他地区的白鲸，即被因纽特人捕杀且濒危的白鲸群，人们又应该采取什么措施保护它们呢？

在远古时代，加拿大的因纽特人会猎食白鲸、海豹、海象、一角鲸和驯鹿。努纳维克的因纽特人在哈德森湾东部和昂加瓦湾捕猎白鲸。魁北克努纳维克地区的 14 个因纽特族群中，每个族群都有权捕猎最多 18 头白鲸，但他们实际捕猎的白鲸很少。然而，不幸的是，这两个白鲸亚群已经受到威胁。1985 年，哈德森湾东部的亚群数量估计为 4200 头。到 2004 年，据加拿大渔业及海洋部的魁北克专家们估计，其数量只剩下 1300 头。他们认为该亚群数量还在继续减少，生物学家们对哈德森湾东部白鲸亚群的未来感到悲观。由于水电装置和小规模航运导致它们的栖息地被破坏，该亚群可能在未来十年之内消失。

图 30　长吻原海豚

没有幸免的海豚

当谈及海豚受到的威胁时，我们常常会想到，法罗群岛的人们曾在传统捕猎活动中杀死了上百头黑圆头鲸（Globicephala melas），日本人曾在太地町、壹岐岛等地杀死了上千头条纹原海豚和其他海豚（宽吻海豚、伪虎鲸[①]等）。很幸运的是，这些捕猎暂时还没有威胁到这些种群的数量及

① 伪虎鲸（Pseudorca crassidens，命名人：欧文，1846）是一种大型海豚，全身黑色，体长 5~6 米，重 1~2 吨。它们生活在大洋中，分布在世界各地热带、亚热带的温热海域。

未来。不过，有两个海豚亚种的确面临着灭绝危险，它们一个生活在远洋，一个生活在沿海。

长吻原海豚（Stenella longirostris，命名人：格雷，1828）是一种齿鲸，生活在南北纬30度之间的热带和亚热带海洋中。它们身体修长，呈流线型，因此在水中很灵活。与其他海豚不同的是，长吻原海豚的喙相对较长（见图30）。它们体长2.1~2.3米，重近70公斤。这种相对轻盈的海豚是"杂技"高手，擅长翻跟斗并能做出其他壮观的跳跃。它们群居生活，会结成数十头甚至几百头的队伍。这种海豚会和金枪鱼群一起行动，不幸的是，这种行为常导致它们失去生命，因为渔民会捕猎金枪鱼。在东太平洋热带海域，曾有几千头长吻原海豚被人们的大拉网、刺网和拖网困住并死亡。20世纪60年代末，因这种情况死亡的长吻原海豚数量为2万头，1971年为3.8万头，1972年为4.2万头。[①] 如今，它们被意外捕杀的数量少了很多，但这种捕杀曾经使它们的数量大减，尤其是东太平洋赤道到北纬20度海域之间的种群。现在，值得庆幸的是，人们只会偶尔意外地捕到这种海豚，它们的数量似乎很稳定。只要我们继续保护它们，并且密切

① 这仅是人们在规定的黄鳍金枪鱼（Thunnus albacares）捕捞区中捕杀的长吻原海豚数量。

图 31　在新西兰海域，一头大西洋黑白海豚正在跳跃
（图片由奥塔哥大学新西兰鲸与海豚信托基金会史蒂夫·道森友情提供）

注意渔业活动的话。[①]

大西洋黑白海豚（Cephalorhynchus hectori，命名人：范贝内登，1881）是新西兰沿海特有的小海豚，体长 1.4~1.5 米（见图 31）。新西兰科学家们区分出两个亚种：第一种生活在南岛附近，为贺氏海豚（Cephalorhynchus hectori hectori，命名人：范贝内登，1881）[②]；第二种生活在北岛西海岸，为

① IUCN 将该亚种归为"易危"物种。

② 分子基因研究（线粒体和DNA研究）显示，不仅这两个亚种之间基因不同，而且其中的贺氏海豚还分为三个互不交配的亚群。

毛伊海豚（C. h. maui，命名人：贝克、史密斯和皮希勒，2002），该亚种数量较少且受到威胁。

南岛亚种的数量约为7300头，其中5400头生活在西海岸，而北岛亚种的数量要少得多，而且可能濒临灭绝。实际上，据新西兰鲸类学家估计，过去四十多年来，该亚种的数量减少了80%。现在，其数量大约只有100头，其中50%是成年雄性。它们减少的原因还是和意外落入刺网有关，其他因素还有栖息地破坏、螺旋桨和污染的影响。新西兰的法律保护毛伊海豚，并给它们划出一片保护区（离海岸390千米），在该区域内，严格禁止渔船使用刺网，这是拯救最后的毛伊海豚的唯一方法。IUCN将该亚种归为“极危”物种[①]。

鲸与海鸥

就像让·德·拉封丹的寓言一样，17世纪时，人们认为鲸是一种“海洋怪兽”，直到1804年，法国动物学家拉塞佩德在其著作《自然史》中才揭开了它们的真面目。当时，只有水手和捕鲸人十分了解这些海洋哺乳动物，而且熟悉海鸟和鲸类的关系。因为海鸟有时会出现在鲸类身边，这种联系对鸟类尤其有利。更准确地说，这是不同物种之间的相互影

① 就大西洋黑白海豚整体而言，IUCN则将其归为“濒危”物种。

响。实际上，当各种鲸类浮上水面进食时，海鸟都会参与进来。尤其在巴塔哥尼亚地区，大型鲸类会成为鸟类的宿主。

对阿根廷人而言，巴塔哥尼亚地区是世界的尽头。该地区的瓦尔德斯半岛位于布宜诺斯艾利斯以南 1300 公里，这是一个近似于岛屿的巨大半岛，通过一块舌形的沙土地与大陆相连，沙土上有很多蒲苇和牡蛎化石。这里的野生环境中有着极其丰富的物种：南美海狮（Otaria byronia）、南象海豹（Mirounga leonina）、原驼（Lama guanicoe）、美洲小鸵（Pterocnemia pennata）、麦哲伦企鹅（Spheniscus magellanicus）和各种各样的鸟类。但联合国教科文组织将该半岛列为世界遗产，其中最重要的因素却是在于鲸类。新湾（半岛南部）和圣何塞湾（半岛北部）的海水浅，水温热，每年 6 月到 12 月中旬，北大西洋露脊鲸会来这里繁殖。2008 年，据阿根廷生物学家记录，这里的露脊鲸数量为 1200 头，且每年以 7%的速度增长！露脊鲸的数量在逐渐增多，如果一切顺利的话，会恢复到人们捕鲸之前的水平。对生态学家来说，这是一个好消息。阿根廷法律和国际法规都保护巴塔哥尼亚地区的露脊鲸，因此，它们只面临着一个比较隐蔽的新威胁。这种威胁来自一种小型鸟类：多米尼加海鸥（Larus dominicanus）。

当一头雌鲸静静地浮上海面时，两只多米尼加海鸥飞到了它的背上，用强劲的喙撕开了鲸背部的皮肉。这头鲸很快反应过来，扎入水中，身体弯曲并露出了头部，似乎很痛苦。这种鲸的背上有很多可怖的坑洼状伤口，直径十几厘米，深32~35厘米，这些明显的伤口会吸引其他多米尼加海鸥来继续进食。对这些海洋中的庞然大物而言，背上的海鸥是一个新威胁。从20世纪80年代起，这种海鸥开始攻击露脊鲸。到了20世纪90年代，状况更加严重。糟糕的是，这种现象不止出现在阿根廷，还发生在巴西。1998年以来，在巴西圣卡塔林纳州南部沿海，多米尼加海鸥一直纠缠着露脊鲸。现在，在巴塔哥尼亚，多米尼加海鸥的这种行为很普遍，并且由于这种海鸥数量的增长，这种现象愈演愈烈。这种海鸥在皮拉米德斯港附近大量繁殖，并以撕裂下来的鲸肉为食。于是，当地这种海鸥的数量增加到了三倍。2008年，在阿根廷沿海，其数量增长到了8.3万只，其中有6.9万只在巴塔哥尼亚继续繁衍后代。这种海鸥聪明、强壮，适应能力强，它们很快找到了露脊鲸这种容易获取的新食物来源。动物学家们认为，这种海鸥以动物尸体和残骸为食，经常吃浮在海面或搁浅的鲸尸碎块。很快，它们就更进一步，啃食活鲸的皮肤。接着，小海鸥就会学习前辈们的行为。年复一年，科学家们发现鲸类身上的"坑洼"越来越多。1974年，只有1%的露脊鲸因此受伤，1990年则有37.8%，2000年有67.6%，2008年有76.6%。这种伤口很容易受到感染，受伤的动物会因此染上疾病。由于瓦尔德斯半岛的鲸遭受着海鸥持续不断的纠缠，它们会迁徙到别处去躲避。面对海鸥的攻击，鲸很脆弱，因为它们在水下待的时间并不长。一些研究大型鲸类的专家，例如鲸类保护研究所的罗杰·佩恩，就担心越来越多的幼鲸会因此死亡。他的担心是有根据的，2003 年以来，沙滩上搁浅了几十头露脊鲸。

如今，在瓦尔德斯半岛海域，人们可以接近鲸这种世界最大的生物之一，还能触碰甚至抚摸它们。在一定程度上，这得益于延期捕鲸，尤其是延期捕猎露脊鲸。在这之后，它们在阿根廷、澳大利亚和南非的数量逐渐增加，但多米尼加海鸥持续不断的攻击可能会改变这一局面。这也警示我们不能放松对露脊鲸的保护，因为它们还远远没有脱离危险！

格陵兰鲸：北极的幸存者

在加拿大北部冰冷的海域，一声巨响打破了浮冰的寂静。两个巨大的出气孔出现在蔚蓝平静的北冰洋海面，随后是一片庞大的黑色背部，接着，一条尾鳍伸出了海面，之后又慢慢地落回北极幽深的海水中。这是一头北露脊鲸（Balaena mysticetus，命名人：林奈，1758）。

北露脊鲸又名格陵兰露脊鲸[1]，在所有大型鲸类中，它们

① 这种鲸在当地有许多名字：北极鲸、格陵兰鲸、北露脊鲸、格陵兰露脊鲸，这些名字都在被人使用。

生活在最北的海域，最适应充满浮冰的北极海水。它们庞大粗壮的身体就像一个推土机，当需要呼吸时，可以打破冰面（厚度可达 1 米）。它们的“腰围”可达身体总长度的三分之二，即 15 米左右。其平均体重为 75 吨，最重可达 90 吨，甚至 100 吨。我们对这种鲸了解不多，不过，它们是哺乳动物中最长寿的物种之一：有的寿命长达 100 多年，甚至更长。据说，它们的寿命可以超过 200 年。

北露脊鲸曾是人们远洋捕鲸的主要（以及最初）目标之一。15 世纪末，巴斯克捕鲸人过度捕猎黑露脊鲸，也几乎捕尽了北大西洋的灰鲸，其后，他们紧跟着捕杀北露脊鲸，直到北欧边界。在雅克 · 卡蒂埃发现加拿大（1534 年）五年后，捕鲸人来到了红湾（圣劳伦斯湾的贝尔岛海峡附近），甚至到了圣劳伦斯河（魁北克圣劳伦斯河入海口的巴斯克岛）。随后，主要是荷兰人在斯匹茨伯格捕鲸，并持续到 18 世纪中叶。英国人也加入了远洋捕鲸的行列，直到 19 世纪末，鲸的数量大减。在戴维斯海峡，人们从 1719 年左右开始捕猎这种鲸，一直持续到 20 世纪初。捕鲸人的活动有两个阶段，每个阶段都是十年。第一阶段（1729—1738）由丹麦人的远洋捕鲸主导，第二阶段（1825—1834）由苏格兰人主导。在哈德森湾，人们在 1860—1915 年间捕鲸。美国或苏格兰捕鲸人捕杀了约 688 头北露脊鲸。在白令－波弗特－楚科奇海域，来自圣弗朗西斯科港的美国捕鲸人来这里捕猎这种鲸。1848—1915 年，美国远洋捕鲸人捕杀了 18650 头北露脊鲸。1914 年后，美国人在阿拉斯加沿海设置了捕鲸站，一些去往东北西伯利亚海域的捕鲸人从这里出发。在鄂霍次克海，从某种程度上说，继北太平洋露脊鲸之后，捕鲸人将北露脊鲸作为新对象，这种捕鲸活动从 1846 年一直持续到 1880 年。现在，几乎在北露脊鲸分布的所有海域，人们都在保护这种鲸，除了阿拉斯加和俄罗斯的因纽特人之外，因为他们有权捕猎几头北露脊鲸以供生活之需。

人们认为北露脊鲸是稀有物种，不仅因为其中几个亚群濒临灭绝，而且因为这种鲸很难被人观测到，它们分布在人迹罕至的海域。北露脊鲸在北极海域度过夏季和冬季，一些地区的亚群有迁徙行为。据科学家们估计，白令－波弗特－楚科奇海域的北露脊鲸数量总共有 1.05 万头，哈德森湾和福克斯湾有 345 头，戴维斯海峡和巴芬湾有不到 3000 头，鄂霍次克海有 300~400 头，斯匹茨伯格和巴伦支海有几十头。现在，就北露脊鲸的总体数量而言，它们不再濒危，因为白令－波弗特－楚科奇海域的亚群数量在显著增加，逐渐恢复到了捕鲸前的水平。我们还需知道的是，从各个亚群来看，北露脊鲸是从根本上还是在局部上被挽救了。

濒危的“美人鱼”

佛罗里达州水晶河，现在是 2 月末的一天，上午 8 时。我们的小船钻入了一片翠绿的水道中，河面还笼罩在晨雾里。

佛罗里达的冬季很冷，尤其是在夜晚。凤眼莲中升起的一轮红日丝毫没有增加白天的温度。我们从水晶河堤岸出发已有十分钟，查理·斯莱德负责操纵小船。我们已经到了佛罗里达“美人鱼”出没的地点，突然，我们听见了一些巨大的声音：这些神奇的动物就在那儿。我和另外两个潜水员一起轻轻地滑入水中，避免惊吓到这些水中哺乳动物。水里感觉很不错，但有些不合常规，因为水温有24℃，比外面热得多！水很清澈，但我们只看见了随水波流动的丝状水草和其他植物。远处出现了一些灰色的动物，其中一头向我们游来，并在我跟前停下。这是一头海牛，神情懒散，肥胖而庞大。它睁着小眼睛观察我们，把头转向我，露出不太好看的微笑。随后，它接近我们其中一个女潜水员，在她手边活跃起来。这位女潜水员鼓起勇气抚摸它的皮肤，随后越来越用力地挠它。它灰色的皮肤很粗糙，就像砂布，上面有小块毛糙的鬃毛，和大象一样。这个庞大的雄海牛放下了尊严，变得放松而懒散，蜷起背部，侧过身来。突然，它身体一翻，露出了巨大的白色腹部，我们看到它全身只有一个小缝隙：一个非常密闭的肚脐。这头海牛探察了一番，用那灵活得如同人的手臂的鳍肢抱了下女潜水员的大腿，然后向深处游去。

佛罗里达海牛（Trichechus manatus latirostris，命名人：哈兰，1824）体长3~4米，重约500~1500公斤（见图32）。这是一种非常温顺的动物，行动缓慢，很安静。很多人以为海牛

图 32　佛罗里达海牛是海牛目的海洋哺乳动物，它们生活在热带及亚热带水域，正面临着许多威胁，例如城市化引起的栖息地破坏，且该现象在佛罗里达的河流湖泊中呈大肆蔓延的趋势

是低智商的“海中的牛”，但大多数海牛类专家却不这么认为。因为相对来说海牛智商高，能很好地辨认人类，视力和听力较好，还能做出滑稽的动作。它们消耗的能量很少，几乎比同体重的其他哺乳动物少三倍。尽管海牛体型肥胖，但它们很怕冷！它们只能生活在 20℃及以上的水域中。若在 15℃~20℃的水中，它们会容易患肺炎；若水温更低，它们则有死亡危险。夏季时，佛罗里达海牛会游到墨西哥湾和大西洋沿海，直到南卡罗来纳州；冬季时，它们会集中到河流中，来到佛罗里达的水晶河。这些水域的水温常年保持在 22 ℃。

IUCN 将北美海牛归为“易危”物种，其中两个亚种（佛罗里达种和安的列斯亚种）则处“濒危”状态。二十年前，人们估计佛罗里达海牛的数量在800~1200头之间。由于新计量科技的发展，到了20世纪90年代末，科学家们重新估算了它们的数量，得出了1800~2000头的结论，情况较为乐观。现在，据科学家们估计虽然其数量在3200~3300头左右，但佛罗里达海牛还没有脱离危险。1976年以来，这种海牛的死亡率为5.8%，而出生率仅为2%~4%。雌性海牛平均每四年生一胎，怀孕期为13个月。那么，它们的死亡率为什么如此之高呢?

海牛的天敌很少，甚至没有。即使它们和密西西比河鳄（又称美国短吻鳄[①]）生活在同一水域，有时也会被一两头虎鲨骚扰，但虎鲨无法用可怕的牙齿撕裂海牛厚厚的皮，那么，海牛只剩下一个天敌——人类。在佛罗里达，海牛受到两条国家法律的保护：1972年的《海洋哺乳动物保护法》和1973年的《濒危物种保护法》。另外还有一条州立法令也保护它们，即1978年的《佛罗里达海牛圣域行动》。其违法后果严重：就佛罗里达法律而言，违法者会被处以高达500美元的罚金，或拘留60天；从国家法律来看，罚款可高达2万美元，违法者可被判处一年刑期。这些法令禁止任何人骚扰甚至触摸海牛，但

① 佛罗里达海牛也会遇到另一种北美的鳄鱼：莫瑞雷鳄（Crocodylus moreletii）。

海牛分布在人类密集的区域，其栖息地因人类活动而变得越来越小。据估计，20 世纪 90 年代，每天都有 800~1000 人来到佛罗里达定居，许多人都去了沿海地区，将沼泽变为居民区、沟渠和港口。因此，过去几十年里，坦帕湾 80%的海草区都消失了。污染、船舶和工业发展毁坏了自然环境，海牛的生存空间急剧缩小。水晶河公园是最大的海牛自然保护区，近 300 头海牛会在这里度过冬季，从每年的 11 月到次年 3 月。但在该公园，人类却侵入了海牛的栖息地。尽管这里被称为“公园”，大多数河道却被房屋和私人船只占据，负责监管公园的办事处也位于居民区之中！这还算公园吗？一些海牛专家，例如怀特教授，就担心人们会把海牛逼到自然保护区里去。

几乎所有佛罗里达海牛身上都至少有一个伤痕，这是由快艇的螺旋桨造成的。因此，在当地，游艇的时速被限制在 5 海里以内。佛罗里达的河里、河岸以及港口几乎到处都有指示标牌，以便在“城市化”的环境中提醒人们这些海牛的存在。尽管如此，一些驾船的游客还是会违法，并经常撞到海牛。1999 年，在佛罗里达沿海 269 头死去的海牛中，30.48%都因快艇撞击而死。每年，佛罗里达海牛由航运造成的死亡率为 20%~30%。[1] 撞上快艇依然是该亚种海牛死亡的主要因素之一。[2] 不同海洋机构的生物学家和“拯救海牛组织”的志愿者们会照料受伤的海牛，随后把它们送去四个海洋馆医院之一[3]。

世界其他海牛种类的情况如何呢？比起北美海牛，非洲海牛和南美海牛的情况更稳定，面临的威胁也更少。南美海牛又名亚马孙海牛，是亚马孙河流域及附近河流湖泊的特有物种，分布在巴西、哥伦比亚东南部、厄瓜多尔东部及秘鲁东部。1977 年，据估计，亚马孙河流域的海牛数量不到 1 万头；1983 年，阿马纳湖的海牛数量为 500~1000 头。从 17 世纪起，这种海牛肉长期受到追捧。1935—1954 年，人们还捕杀了约 20 万头亚马孙海牛以获取它们的皮革，我们怀疑此举

---

① 据佛罗里达鱼类和野生动物保护委员会（Florida Fish and Wildlife Conservation Commission）统计，因船舶撞击而死的海牛，2000 年死去的 272 头中有 78 头（28.68%），2001 年死去的 325 头中有 81 头（24.92%），2002 年死去的 305 头中有 95 头（31.15%），2003 年死去的 380 头中有 73 头（19.21%），2004 年死去的 276 头中有 69 头（25%），2005 年死去的 396 头中有 79 头（19.95%），2006 年死去的 417 头中有 92 头（22.06%），2007 年死去的 317 头中有 73 头（23.03%），2008 年死去的 337 头中有 90 头（26.71%），2009 年死去的 429 头中有 97 头（22.61%）。

② 此外，佛罗里达海牛在围产期的死亡率为 20%~30%。

③ 这些海洋馆分别是奥兰多海洋世界、迈阿密水族馆、霍莫萨萨泉野生动物州立公园和坦帕罗瑞动物园的海牛医院与水族中心。

图 33　非洲海牛是最鲜为人知的海牛类

几乎导致该海牛灭绝。幸好，人们及时挽救了它们，IUCN 也将其归为“易危”物种。然而，它们的数量似乎在逐年递减，面临着各种威胁，例如因海牛肉而被人捕猎、被渔网意外困住以及栖息地破坏。

人们认为非洲海牛（Trichechus senegalensis，见图 33）很稀有，因为它们行动隐秘，很少被人观察到。但毫无疑问，它们比人们以为的更常见。这种海牛生活在东非的河流中，从塞内加尔到安哥拉（宽扎河）都有分布。这种海牛和其他两种海牛不同，它们没有遭遇大肆捕杀。但在从前，当地人即使违法也会小规模地捕猎它们，现在也是如此。如今，在海牛分布的各个非洲国家，政府都保护它们。据 IUCN 统计，非洲海牛总数量约为 1 万多头，且似乎在减少。

儒艮（Dugong dugon，命名人：穆勒，1776）是另一种海牛目动物，它们大多生活在海洋，分布区域比海牛广得多。这种哺乳动物体长 2.5～4 米，重 250～1000 公斤，主要生活在沿海温暖的（21℃～33℃）浅水域（1～5 米），只喜好浑浊的水。其分布区域极其广泛，至少在 48 个国家、14 万公里的海岸线附近都有分布，包括太平洋西南部、新喀里多尼亚，直到越南。人们也在印度洋、红海、非洲南部海岸直到莫桑比克发现了儒艮。20 世纪 90 年代，世界上的儒艮数量可能减少了 20%。IUCN 将儒艮归为“易危”物种。一些地区的儒艮面临着巨大威胁，中长期内可能彻底灭绝。有些地区的儒艮已经消失，包括马尔代夫群岛、毛里求斯、中国香港及台湾、柬埔寨和菲律宾。在其他一些地区（例如莫桑比克、肯尼亚和马来西亚），儒艮数量少且种群孤立，它们可能即将成为回忆。目前，没有任何关于其世界总数量的估计。澳大利亚的儒艮数量丰富，有 8.5 万头；在澳大利亚与新几内亚之间的托雷斯海峡，儒艮数量也较多，有 1.2 万头。不过，这些数量都只是大致估计。据一些专家所言，波斯湾有 4000～6000 头儒艮，莫桑比克有 100 多头，肯尼亚和冲绳岛有 50 多头，马来西亚有几十头。可以确定的是，红海（埃及、沙特阿拉伯、也门、苏丹、厄立特里亚、吉布提和索马里）的儒艮受到的威胁最严重。据估计，红海的儒艮数量为几百头，它们受到种种威胁，例如渔民威胁、意外被捕、栖息地破坏、频繁的航运和污染等。

在儒艮的大多数栖息地，人类都曾为了肉和油而捕杀它们。一头成年儒艮可以提供 100～150 公斤的肉，以及 19～30 升的油。现在，世界几乎所有地区的人们都在保护儒艮，但还是有人为了肉而偷猎它们，它们有时也会意外落入渔网中。在澳大利亚和巴布亚新几内亚，只有土著居民才可以为了生计而捕猎儒艮。在澳大利亚昆士兰，这些温和的海洋哺乳动物曾因被困在防鲨网中而溺死。1962—1999 年，约有 800 头儒艮因此死亡，但之后这种死亡数量就以 8%的速率下降了。现在，儒艮面临的最大威胁似乎是饵钩。

海牛目动物——这种笨重而热情的“美人鱼”，曾经诱发了古时水手们丰富的想象力，现在它们正被人类保护着。然而，它们也的确面临着许多威胁，如上文提到的偷猎、意外被捕、传染病、污染等。这些因素都在威胁着现存的种群，使其数量减少，甚至我们的后代可能只能从过去的传说中知道它们，而古代文献又会让他们产生不切实际的假想。

马德兰群岛消失的海象

如今，海象（Odobenus rosmarus，命名人：林奈，1758）是北极的一道风景，但这些庞大的海洋哺乳动物曾分布在北半球更广的区域。人们在加拿大东部的海洋地层中发现了海象化石残迹，它们主要出土于拉布拉多和魁北克（比克国家公园、里穆斯基、凯加什卡、圣皮埃尔港、穆瓦西、马塔讷、马德兰群岛、卡普沙港、拉波卡捷尔和蒙卡姆自治县的圣朱利安纳），以及美国（从缅因州到弗吉尼亚州）。这些化石有1万年以上的历史，一部分属于曾生活在魁北克古老海洋（戈德思韦特海和尚普兰海）中的海象，另一部分可能属于生活在北美南部大西洋沿海的海象。这是一些长牙和颅骨化石碎片，偶尔也有完整的骨架。随着尚普兰海向魁北克收缩（约公元前8000年），其中的海象也迁徙到了圣劳伦斯湾，直到近代，人类将它们捕杀殆尽。从海象迁徙至此直到19世纪中叶，它们广泛分布在从北极到芬迪湾的北大西洋。新斯科舍省附近的塞布尔岛、布雷顿角岛和马德兰群岛，都曾是它们重要的栖息地。

在雅克·卡蒂埃到来之前，每年4月到6月，美洲印第安的米克马克人都会出海，去捕猎马德兰群岛的海象。他们用海象皮做成轻质盾牌，以抵御其他美洲印第安人的箭。16—17世纪，巴斯克、布列塔尼和英国的航海者、渔民及捕鲸人来到了马德兰群岛，以捕猎海象。他们把海象牙卖给梳子和小刀制造商，价格比象牙高两倍。医生和药剂师把海象牙磨成粉末，作为万能解毒药，以更高的价格卖出。欧洲国家由于机械化生产越来越多，因而长期需要精炼油，这些国家很快投入了取油的竞争中，即在北大西洋捕猎海象。因此，海象遭遇了灭顶之灾！人们最后一次在圣劳伦斯湾看到野生海象是在1800年。虽然人们现在还能在该海域见到几头海象，但都只是偶然，而且它们都是误入这里的北极海象。

夏威夷政府密切关注的僧海豹

我们前文已提到，地中海僧海豹快要灭绝了。将来，它们在夏威夷群岛的近亲也可能走上它们的老路。现在，夏威夷僧海豹（Monachus schauinslandi，命名人：马切，1905）是唯一生活在热带的海豹科动物（加勒比僧海豹已灭绝），只分布在太平洋热带海域的夏威夷群岛。这种热带海豹的雄性体长为2.1米，重180公斤；雌性体型更大，体长可达2.4米，重270公斤。

这种僧海豹生活在岛屿附近，是夏威夷群岛的特有物种。其中大部分生活在西北夏威夷的帕帕哈瑙莫夸基亚国家海洋保护区，有6个亚群（分布在法舰岛、莱桑岛、利西安斯基岛、珍珠港和爱马仕礁、中途岛和丘尔环礁），还有其他小亚群分布在内克尔和尼华岛。同时，近年来（2007年起），有少量僧海豹（150头）生活在夏威夷主岛（考艾岛、尼豪岛、毛伊岛、瓦胡龟岛的海湾以及威基基海滩）。据美国哺乳动物学家估计，夏威夷僧海豹的总数量为1100~1200头，且以每年4%的速度减少。1976年，美国政府将其定为濒危物种之一[1]，IUCN也把它们列入了“极危”物种红色名录中。而从前，大量僧海豹生活在夏威夷的潟湖中。

第一批西方探险家到来之前，夏威夷土著居民已经知道这种海豹了。他们称其为“Ilio Holo I Ka Uaua”，意思是“海浪中奔跑的狗”。1805年，俄罗斯探险家尤里·费奥多罗维奇·利相斯基（1773—1837）[2]提到，夏威夷群岛西北部存在这种海洋哺乳动物。他在1824年（艾奥拿）和1859年（冈比亚）的旅行日志中写道，人们狂热地捕猎它们，使其数量骤减。在1500~1600多年的时间里，波利尼西亚人长期捕猎僧海豹。19世纪，以欧洲和美国捕鲸人为主的第一批西方水手来到这里，开始捕杀夏威夷僧海豹，以获取它们的肉、皮和油，导致它们在19世纪末20世纪初几乎灭绝。此外，僧海豹还面临着诸多威胁。

四十年间（1958—1996），科学家们每年都统计了夏威夷僧海豹6个亚群的数量，他们发现其数量减少了60%。动物学家们认为，显然，夏威夷僧海豹在走向灭绝，尽管它们没有地中海僧海豹那样处境危急。有人认为，其数量的减少必然导致基因多样性的减少，而近亲繁殖又会使它们变得

---

① 根据1976年的《美国濒危物种法》（*U.S. Endangered Species Act*）。

② 利相斯基的名字写作Urey Lisiansky或Urey Lisianski。1803—1806年，他作为“涅瓦”号指挥官，参加了俄罗斯历史上第一次环球航行。

更加脆弱。

最近的研究也发现，僧海豹的摄食行为也有了变化。僧海豹通常在潟湖中觅食，而现在，它们食物短缺，这可能是过度捕鱼、污染和栖息地破坏所致。因此，它们不得不去远洋深海猎食，从而面临被那里的海洋生物捕食的危险。实际上，在北太平洋热带海域，虎鲨（Galeocerdo cuvier）和加拉帕戈斯鲨鱼（Carcharhinus galapagensis）喜好捕食僧海豹。有时，僧海豹会从鲨鱼口中逃脱，但也会留下咬痕、严重的伤口甚至失去一条鳍肢。许多僧海豹身上都有这样的伤痕。比起成年及中老年海豹，鲨鱼更喜欢捕食新生海豹和青年海豹（1~2 岁）。

夏威夷僧海豹数量少，且体内抗体少，因此对传染病非常敏感。即便是鲜有出现的兽疫，也会对它们造成毁灭性打击。此外，僧海豹内部争斗也会导致青年和成年雌海豹的死亡。实际上，僧海豹发情季节时，无论雌海豹年龄大小，它们都会持续不断地被雄海豹骚扰或袭击。其他人类活动因素也会危害夏威夷僧海豹，主要会危害断奶前的幼年海豹。最后，不同的环境因素（风暴、全球变暖引起的海平面上升等）会导致它们的陆上栖息地流失，从而大面积地减少其休憩和繁殖的区域。正因为栖息地被毁，僧海豹才离开了威尔斯凯特岛（法国军舰环礁）。

夏威夷僧海豹面临着各种自然或人类因素的威胁，当地政府和美国生态学家们正密切关注着它们，并采取了严格的保护措施。当前，这种僧海豹可以说处于“控制之下”。但地中海僧海豹情况就不同了，它们太分散，因此很难被人们监控。

太平洋幸存的海獭

在加利福尼亚的大苏尔附近，哈罗德·夏普每天空闲时，都喜欢用望远镜观察比克斯比溪大桥海滩上的动物们。1930年3月19日，他在观察波浪中摇摆起伏的海藻丛时，发现了一些小哺乳动物的白色头部，它们有长长的胡须，前掌有蹼，上面覆有浓厚的毛。毫无疑问，这些动物就是海獭。于是，哈罗德·夏普告知了位于蒙特雷市的霍普金斯海洋实验室，随后又去了加利福尼亚的多所大学。然而，研究员们对此表示怀疑，他们认为夏普的讲述不可信，因为人们认为在该地区海獭已经灭绝了。之后，一位生物学家拜访了夏普，他刚到达就拿起望远镜观察，并发现加利福尼亚海獭还活在世上！这几只海獭如何奇迹般地逃过了灭绝呢？答案很简单：地理位置的隔绝。大苏尔海岸十分陡峭，绵延着高大的峭壁，因而与外界隔绝。一些海獭逃到了这里，所以能远离人类生活下去。此外，它们体型小，可隐匿在海藻与波涛中；它们也很少上陆，因此很少被人观察到。

北太平洋海獭（Enhydra lutris，命名人：林奈，1758）是一种很特殊的水中鼬科动物。这是一种海洋哺乳动物，不像其他水獭那样生活在淡水中。从体型来看，它们体长1.4~1.5米，重30~40公斤，体型超过大多数河中的水獭。它们的外形也与水獭不同，躯干长而粗大，球形的头部较大，脖子短而粗壮。相对于水獭而言，海獭的尾巴更厚实，只占总体长的四分之一。在已知的哺乳动物中，海獭拥有最浓密的被毛（每平方厘米多达12.5万根毛，等于水獭的两倍），但这种特殊的皮毛却是它们濒危的根源。

几个世纪里，北太平洋的土著居民都捕杀海獭食用，尤其会用来做衣服，北美沿海的美洲印第安人、阿留申人和日本人很早就对海獭毛皮起了兴趣。1741年，维他斯·白令在探险海峡时（如今的白令海峡）发现了这一新商机。很快，全副武装的俄罗斯舰船开始捕猎这种小动物，以获取它们美丽又有光泽的毛皮。俄罗斯猎人们将白令海峡、阿留申群岛和阿拉斯加的海獭几乎捕杀殆尽后，在18世纪将阵地转到了加利福尼亚北部。当俄罗斯人又几乎捕尽了加州沿海的1.6万只海獭后，他们决定将这片沿海土地卖给出价最高的人。在出价购买的人当中，西班牙人认为新大陆的这片土地应该属于他们，但俄罗斯人将其卖给了一个瑞士裔的美国人约翰·萨特。1867年，通过市场交易，加州海獭的这片海滩成了美国的领土。1911年的《国际海豹皮公约》（*Traité international sur la fourrure de phoque*）开始保护已濒危的海獭。人们捕杀海獭始于18世纪，此前，北太平洋的海獭总数量为15万~30万只；到了1920年，一项科学报告显示，阿拉斯加沿海的海獭仅剩30多只。1929年，在英属哥伦比亚海域，人们最后一次在加拿大看到海獭。1930年，哈罗德·夏普在加州发现50多只海獭的小群体。至于西伯利亚和阿留申群岛的海獭数量，我们至今没有任何数据。20世纪初，海獭不再是一个灭绝的物种，但也濒临灭绝。美国政府很快行动起来，开始保护加州和阿拉斯加的海獭。

在被人捕杀之前，北太平洋海獭分布极广。它们分布在北太平洋沿海从日本到墨西哥下加利福尼亚州的广大海域，包括堪察加、阿留申群岛、阿拉斯加、英属哥伦比亚、俄勒冈州、华盛顿州和加利福尼亚州。现在，它们的分布区域大大减少。根据海獭的分布区域，人们将其分为三个亚种：堪察加海獭（Enhydra lutris lutris，命名人：林奈，1758）、阿拉斯加海獭（E. l. kenyoni，命名人：威尔逊，1991）和加利福尼亚海獭（E. l. nereis，命名人：梅里厄姆，1904）。

俄罗斯沿海、阿拉斯加、英属哥伦比亚、美国华盛顿州和加利福尼亚州的海獭数量比较稳定，而且似乎还有海獭生活在墨西哥和日本沿海。据估计，2004年和2007年，北太平洋的海獭数量约为10.7万只，这让曾经几乎灭绝的海獭又有了希望。西北太平洋的海獭亚种情况更好，2004年，生物学家估计千岛群岛的海獭数量为1.9万只，堪察加的数量为2000～3500只，科曼多尔群岛的数量为5000～5500只。在阿拉斯加，海獭则遭遇了困境。1973年，该种群数量高达10万~12.5万只，而到了2006年，其数量锐减到了7.3万只！我们无法用传统的生态原因解释这一现象，此外，也可以排除其他诸如营养不良、疾病或污染的因素。1989年，埃克森·瓦尔迪兹号油轮漏油事故的确导致了威廉王子湾的许多海獭死亡[①]，但这次生态污染还是无法解释海獭的高死亡率。那原因究竟是什么呢？一些地区的生态学家捕捉了若干只海獭，并给它们装上了小型发信器。这些海獭被放回海中后，却突然消失得无影无踪，也没有在海滩上留下任何尸体。因此，哺乳动物学家、生态学家、环境学家和公园管理者怀疑到了虎鲸。虎鲸（Orcinus orca）是食物链顶层的掠食者，它们食性很广泛，通常吃鱼（该海域的虎鲸主要吃鲑鱼）和枪乌贼，也会吃海洋哺乳动物，例如鲸、鼠海豚、海豹和海狮。在阿拉斯加沿海，虎鲸会捕食大多数鳍足类动物。然而，20世纪80年代，北海狮（Eumetopias jubatus）、北海狗（Callorhinus ursinus）和港海豹数量骤减，虎鲸的食物减少，于是寻找其他食物充饥，最终盯上了海獭。直到20世纪90年代，海獭数量还很丰富。人们通过建立数学模型，计算海獭遇到虎鲸的概率及死亡率，验证了这一假设，即虎鲸捕食了阿拉斯加的海獭。通过对海獭数量的动态统计，人

---

① 在这场漏油事故中，有几百只海獭死亡。人们救起了450多只海獭，并把它们送到康复中心照料。

们发现，一头虎鲸每年实际上可捕食 1825 只海獭。数学家们从该项统计中还发现，阿拉斯加海域的海獭大屠杀仅仅是四头虎鲸所为[①]。

1969 年起，加拿大和美国政府从阿拉斯加捕捉了一些海獭，将它们引进到加拿大（英属哥伦比亚）和美国（华盛顿州）。这些海獭似乎适应了新环境，并在人们的密切监管下繁衍生息。2004 年，据加拿大生物学家统计，位于吐芬奴和斯科特角之间的温哥华岛海域有 3000 多只海獭。2000—2004 年，在奥林匹克半岛和迪斯特拉克申岛之间的华盛顿州沿海以及半月湾，美国公园管理部门统计了其中的海獭数量，为 504～743 只。

至于被哈罗德·夏普观察到的种群，这 50 多只从加利福尼亚“脱险”的海獭繁衍了许多后代。2007 年，在圣弗朗西斯科南部和圣巴巴拉县（洛杉矶北部）之间的加州海域，生物学家统计到了 3026 只海獭。渐渐地，海獭重新占据了被人

① 海獭在生态系统中的作用十分重要。当海獭数量丰富时，它们会摄食很多海胆，而海胆较少时，海藻丛就会生长茂密。当海獭数量骤减后，当地的生态平衡很快就会被打破，海胆数量骤增，吃掉大面积的海带丛，而很多生物都需要生活在海带丛中。因此，这四头虎鲸食性的改变间接影响了生态系统，使整个阿拉斯加西部的海藻大面积减少。18 世纪时，科曼多尔群岛的海獭消失后，当地也出现了同样的情形，以海藻为食的海胆数量剧增，导致了斯特拉海牛数量下降。

捕猎前的领地。尽管海獭的数量在恢复，但博物学家和研究人员依然十分关注这种脆弱的动物。如今，IUCN 将北太平洋海獭归为“濒危”物种。

虽然人们的保护措施最终拯救了北太平洋的海獭，但南美的海獭就没那么幸运了。我在合恩角遇到过几次南美海獭。我曾以为它们的外形和习性与北美海獭如出一辙，但结果却让我倍感讶异，可以说，它们是另一种动物。

南太平洋海獭又名南美海獭（Lontra felina，命名人：莫利纳，1782），实际上，比起北太平洋海獭，它们更像河中的水獭。南美海獭体型很小（体长 1.15 米），身体修长，头部短而扁平，吻部长，颈部和尾巴短。它们会聪明地远离人类，因为人类会捕猎或偷猎它们。这种海獭是南美太平洋沿海的特有物种，分布在秘鲁中部（南纬 6 度）和合恩角（南纬 56 度）之间，直到勒梅尔海峡、艾斯塔多岛和阿根廷火地岛，还有一个孤立的群体生活在麦哲伦海峡。该海獭的总数量少于 1000 只，对于一种生活在近 6000 公里海岸线附近的动物来说，这个数量可以说是十分稀少。其中，200～300 只生活在秘鲁沿海，600～700 只生活在奇洛埃岛西海岸和智利南部。

与北太平洋海獭一样，南美海獭的毛皮是导致它们走向衰亡的诱因。诚然，它们的皮毛没有那么浓密，但依然品质很高。它们的毛被浸湿时会更柔软光滑、均匀而有光泽。正因如此，人们几乎将合恩角和纽芬兰南部的海獭赶尽杀绝。如今，秘鲁、智利和阿根廷都保护南美海獭，但偷猎者还是会在智利沿海捕杀它们。偷猎者仅用一只南美海獭就能赚取2~3个月的渔获收入，这种收入如此可观，对海獭来说是致命打击。它们还面临着其他威胁，例如意外落入渔网。此外，捕蛤蜊和鱼虾的渔民认为南美海獭会妨碍捕鱼，因此渔民会杀死一些海獭以“保护”自己的猎物。在这片广阔无垠、少有监管又几乎未被开发的海域，这种海獭十分稀少，而且还会被人偷猎，于是，IUCN现在将其归为“濒危”物种。

浮冰不再，北极熊不再

白熊又名北极熊，其英文名称实际上不太恰当[①]。北极熊是水陆两栖的动物。现在，大多数哺乳动物学家都将其归为海洋哺乳动物类。这就是事实！当天气炎热（气温高于15℃对它们而言就是酷暑了）时，北极熊会潜入水中，它们也靠游泳在不同的猎食区活动。

在所有熊科动物中，北极熊（见图34）最适应水中生活。它们的学名Ursus maritimus（拉丁语意为“海熊”）就印证了

① 在英语中，北极熊被称为Polar bear（极地的熊）；在俄语中，其名称为Bielyi Medved（白熊）；德语中为Eisbär，挪威语中为Isbjørn，意思都是“冰上的熊”。

图 34　北极熊是最适应水中生活的熊科动物。在进化史上，北极熊出现得较晚，而且由于气候变暖，它们可能成为地球上存活时间最短的物种

这点，这个名字是由英国探险家康斯坦丁 · 约翰 · 菲普斯在 1774 年取的。北极熊是冰川时期的动物，从地质学角度来看，它们出现得较晚，其最早的化石可追溯到 13 万 ~ 11 万年前。北极熊的祖先是棕熊（Ursus arctos），而且它们主要以海洋哺乳动物为食，不应属于“陆地”熊类。长期以来，人们都认为北极熊的祖先是北美棕熊，具体而言是科迪亚克熊（Ursus arctos middendorffi）。最近，人们通过基因研究证实，北极熊起源于欧洲熊类的一支：爱尔兰棕熊（Ursus arctos arctos），该熊生活在 3.8 万 ~ 1 万年前。

在进化过程中，北极熊适应了新环境。它们从前的棕色毛发变成了浓密的白色毛发，多少带些淡黄色。夏季时，北极熊的身体会略显橙色。它们的体型和体重庞大，因而十分强壮。雌性和雄性体长为2~3米，平均肩高1.5米。雌性平均体重为200公斤，可达250公斤；雄性平均体重为400公斤，最重可达650公斤！与其他熊科动物相比，北极熊的身体相对修长，不如棕熊强壮。它们的颈部瘦长，头部窄而长，耳朵小而圆，掌部长而大，上面有粗短的弧形爪子。北极熊的前掌比后掌大，趾间的蹼有利于游泳，掌上的毛能防止滑倒。在几千年的进化历程中，北极熊不仅适应了环境，而且改变了自身，呈现出一个迅速而成功的动物进化典例。但这一适应性转变却可能受到生态问题的威胁：气候变化导致的全球变暖。

北极熊是一种生活在极地的动物，分布在北极和美洲大陆[①]、欧亚大陆[②]的亚北极地区。它们的总数量约为2万~2.5万头，其中近1.5万头生活在加拿大。动物学家们分出了至少19个亚群[③]（每个亚群包括164~2997头），其中14个亚群分

---

① 北极熊分布在加拿大（曼尼托巴、纽芬兰、拉布拉多、魁北克、努纳武特、西北地区、安大略和育空）和美国（阿拉斯加）。

② 北极熊分布在欧亚大陆的格陵兰岛、丹麦、挪威、俄罗斯，甚至冰岛。

③ 人们给一些雌性北极熊戴上了卫星无线定位的项圈，通过研究它们的迁移来划分亚群。

布在加拿大。就北极熊在世界的总数量而言，它们不算濒危物种。加拿大生物学家认为，加拿大 14 个亚群中，有 12 个亚群的数量可能比较稳定，人们要监管它们以促使其数量增长。最近的研究证实，19 个亚群中的 8 个亚群数量可能会减少。根据 IUCN 的北极熊专家组（Polar Bear Specialist Group）所言，在过去二十年里，人们研究最详细的两个亚群——加拿大哈德森湾西部亚群和波弗特海（加拿大和美国阿拉斯加之间）南部亚群的数量分别减少了 22%和 17%。巴芬湾、凯恩盆地（格陵兰岛和加拿大之间）和挪威湾（加拿大）亚群的数量也在减少。

每年秋季，北极熊都会来到曼尼托巴省（加拿大哈德森湾西岸）的丘吉尔城，这座小城因此闻名遐迩。此外，丘吉尔城还有“北极熊首都”之称。每年，1.5 万多名游客都会来此拍摄这些冰上的领主。北极熊在冻原上饿了几个月后，就在这里等待海面结出冰盖，以便去捕猎环斑海豹。北极熊 90%的捕食对象都是鳍足类，主要是环斑海豹。北极熊主要吃海豹的皮和脂肪，当食物充足时，它们会扔下猎物残骸上的肉。与生活在更北方北极冰盖上的同类不同，哈德森湾的北极熊在夏季时难以回到陆地（魁北克北部努那维克的昂加瓦湾种群也是如此），因为那时冰面会完全消失。于是，北极熊会“守斋”3~4 个月[1]，在此期间，它们很依赖冬季储存的脂肪层，保证在下次捕猎前维持体力。几十年来，丘吉尔城的北极熊都在人们的密切监控之下。在加拿大阿尔伯塔大学的野生动物服务中心，生物学家伊恩·斯特林在监控中发现，这个期间，雌性北极熊的体重从 290 公斤下降到了 230 公斤，怀孕概率也随之减小，而 190 公斤以下的雌性北极熊根本无法生育。结果，该期间出生的幼熊数量骤降。相比 20 世纪 80 年代初，哈德森湾的冰面如今在春季的融化时间大约提前了三周，结冰时间也更晚。哈德森湾和昂加瓦湾的北极熊能够捕猎并为夏秋季节储存脂肪的时间变少了。加拿大科学家们认为，由于哈德森湾和昂加瓦湾（人们对后者了解较少）的亚群生活在北极熊分布区的最南端，于是，它们成了气候变化的第一批受害者。这一趋势似乎在向更北部的亚群蔓延。

如今，以北极为主的极地区域正在遭受气候变暖的影响。据卫星图像显示，北极夏季的冰盖在不断融化。从 20 世纪 70 年代起，美国国家航空航天局的卫星就监测着北极地区，结果显示，北极冰盖夏季时的最大面积从之前的 800 万平方公里缩减到了 2006 年的 550 万平方公里。2007 年 8 月，冰盖

---

① “守斋”一词很贴切，因为夏季时，北极熊会吃在冻原上找到的水果和搁浅的鲸类残骸，有时还会吃动物巢里的蛋。

面积在一年内缩减了近100万平方公里，创造了新纪录[1]。糟糕的是，这一趋势还在继续。许多加拿大科学家们认为，最早2040年，最迟至2100年，北冰洋将不再结冰。

2005年以来，波弗特海的冰层也因同样的原因缩减[2]，由此，阿拉斯加的北极熊必须游更远的距离去捕猎觅食。美国地质调查局研究显示，如果北冰洋的冰盖继续减少，北极熊的总数量将会在2050年前减少三分之二，欧洲、亚洲和阿拉斯加沿海的北极熊将会消失，加拿大的亚群也会受到严重影响，只有北极群岛上的小部分北极熊能够存活。但一些北极动物研究专家没有这么悲观。加拿大努纳武特野生动物研究组的米切尔·泰勒认为，情况远不会糟糕。目前，加拿大许多亚群的数量都很稳定。

北极熊真的面临危机吗？就此，人们还没有一致的结论。IUCN现在将北极熊归为“易危”物种。1986年4月，加拿大野生物种濒危状态委员会先是把它们归为“无危”物种，随后在1991年4月，又将其归为更高威胁级别的“堪忧”物种（即由于人类或自然现象导致物种栖息地被破坏，物种受

---

① 多米尼克·福尔盖（D. Forget）：《北部地区消失？》（*Perdre le Nord?*），北方/冰原出版社（Boréal/Névé），2007年。

② 由于冰盖变薄，哺乳动物们的体重更容易压碎冰层，导致它们需要耗费许多能量从水中脱身。

到影响但没有灭绝的危险），1999 年和 2002 年继续保持了这一归类。然而，加拿大北极地区的因纽特人并不满意这些严格的保护措施，这些措施禁止他们为了生计而打猎，除非他们获得特殊的本土捕猎份额！在美国，保护北极熊的措施同样引起了争议[①]。但终归在 2008 年 5 月 14 日，美国政府将北极熊列入了濒危物种。

---

① 由于保护北极熊的措施与一些经济因素联系紧密，阿拉斯加的石油开采公司强烈反对这些措施。因此，阿拉斯加前州长萨拉·佩林（Sarah Palin）给联邦政府写了一封抗议信，反对将北极熊列入保护物种之中。

第 7 章
新发现的海洋哺乳动物：神秘的“怪物”

现在，人们对生态问题感到很悲观。很多文章、图书和网站都提到了威胁生物多样性的因素和一些灭绝的物种（这本书不就是如此）。的确，这种看法有其根据[①]。随着地球的演进，我们人类留下了越来越多无法去除的痕迹，这些痕迹难以被生物降解[②]。然而，我们不能再发现新种群和新物种了吗？虽然媒体不断地报道生态问题，但实际上，科学家们每年都会发现并记录动植物新物种和新亚种，海洋哺乳动物也不例外！

---

① 弗朗索瓦·拉马德（F. Remade）：《大屠杀下存活物种的未来》（*Le Grand Massacre: l'avenir des espèces vivantes*），阿歇特出版社（Hachette），1999 年。

② 伊曼纽尔·格兰德曼（E. Grundmann）：《没有生物多样性，人类未来将独自一人》（*Demain, seul au monde : l'homme sans la biodiversité*），嘉尔曼 - 列维出版社（Calmann-Lévy），2010 年。

20 世纪新发现的鲸类

20 世纪初，现存鲸类的 82%都已被记录过了。在鳍足类动物中，这一比例更大：1900 年，人们已发现了现存鳍足目动物的 96.7%。这些动物有部分时间在陆地上度过，因此探险家和科学家们能发现它们。另外，人们还为了它们的毛皮、油脂或肉，在世界各地捕猎它们。但鲸类更难被观察到，人们难以辨别或研究它们。从前，散步的人们或科学家回收了一些搁浅的鲸或者其残骸，由此衍生出鲸类最早的科学记录。18 世纪起，人们就开始捕猎露脊鲸、鳁鲸、抹香鲸和一些海豚。因此，这些鲸类在当时就为人所知。相反，另外一些活动隐秘、鲜为人知的鲸类就“隐藏”在水手和探险家们的视线之外了，喙鲸科就是如此。

如今记录的 21 种喙鲸中，只有 13 种被发现于 1900 年之前。此外，没有任何一种鲸像喙鲸这样神秘。喙鲸科分为六个属，只有一个属较常见，同时也是人们在 19 世纪初发现的唯一一种喙鲸，即瓶鼻鲸属中的北瓶鼻鲸（Hyperoodon ampullatus，命名人：福斯特，1770）。柯氏喙鲸（Ziphius cavirostris，命名人：乔治 · 居维叶，1823）曾经指所有喙鲸，起初，人们认为它们已经灭绝。对于这种鲸，我们仅有一块正在石化的颅骨标本。1804 年，人们在滨海福斯（地中海沿岸）发现了这块颅骨；1823 年，法国著名解剖学家居维叶将其作为化石记录下来。1826 年，一头喙鲸在意大利热那亚附近搁浅；1850 年，另一头在科西嘉海滩上死亡。然而，没有人发现它们与居维叶的"化石"之间的显而易见的联系。直到 1872 年，人们在新西兰发现了一头完整的鲸，它的颅骨和那块化石颅骨一模一样。奇怪的是，老年喙鲸的颅骨会过早地石化，完全变成"化石"。这种神秘的鲸似乎在捉弄科学家。这种鲸的背部成灰白色，腹部颜色较深，与所有常规动物的肤色都相反。人们曾历尽艰难将它们区分成一个独立物种。

中喙鲸属在喙鲸中最为神秘（见图 35）。1800 年，人们在苏格兰埃尔金沿海发现了一具鲸尸，英国博物学家和艺术家詹姆斯·索尔比仔细研究了它。这头鲸呈浅褐色，下颌弯

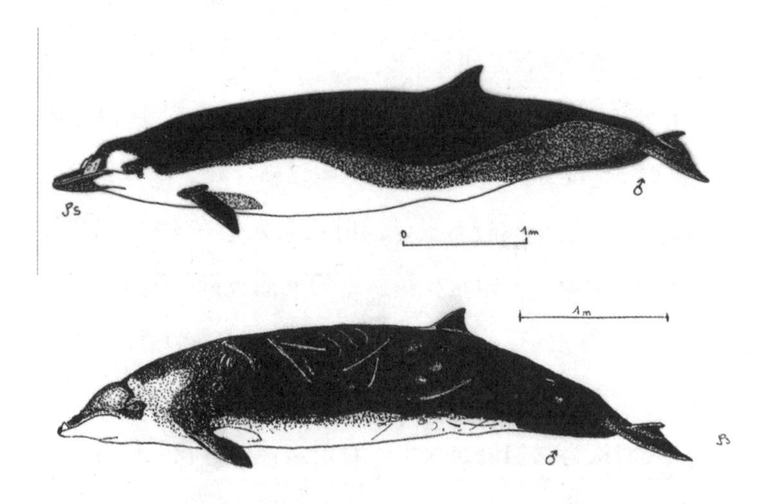

图 35　20 世纪和 21 世纪新发现的鲸种：铲齿中喙鲸（上）和佩氏中喙鲸（下）

曲成古怪的形状，且上面只有两枚牙齿。1804年，索尔比发表了关于这个新种“抹香鲸”的文章[①]。

1825年，一头类似但没有牙齿的鲸（可以肯定是雌性）在勒阿弗尔海滩上搁浅。它活了两天，吸引了大批人群。看热闹的人群不知道它的食性，于是给它喂浸湿的面包和其他非常规的食物。为了表达不安，这头可怜的鲸发出了低沉的叫声，听起来像牛的“哞哞”声一样。1850年，法国动物学家弗朗索瓦·路易·保罗·热尔韦将这种鲸重新命名为索氏中喙鲸（Mesoplodon bidens）。此后，人们又发现了许多种中喙鲸，但人们描述的样本基础很少，很难据此了解一些种类的实际面貌，有的种类体长可超过5米！例如，人们对铲齿中喙鲸（Mesoplodon traversii）的了解仅来源于近代发现的三块骨骼碎片。由于没有任何完整的骨架（甚至部分骨架），人们直到2010年才了解到这种鲸的外貌。2010年12月，两头喙鲸在新西兰北岛东部的奥帕普海滩（普伦蒂湾）搁浅。一开始，新西兰动物学家们以为它们是格氏中喙鲸（Mesoplodon grayi，命名人：哈斯特，1876），并对它们进行了拍摄、测量和取样。在研究样本时，他们发现这并不是格氏中喙鲸，而是铲齿中喙鲸。我们终于知道这种鲸的真面目了！尽管我们

① 索尔比将其命名为双齿抹香鲸（Physeter bidens）。

依然完全不了解它们的生活习性，也不了解大部分中喙鲸的习性。

人们也对两种贝氏喙鲸一无所知：阿氏贝喙鲸（Berardius arnuxii）和贝氏喙鲸（Berardius bairdii），1851 年，法国解剖学家路易 · 乔治 · 迪韦努瓦描述了前者；1883 年，挪威博物学家、华盛顿自然历史博物馆馆长莱昂哈德 · 赫斯 · 斯太耐格描述了后者。这些鲸体长可达 13 米。贝氏喙鲸的牙齿很特别，任何合格的哺乳动物学家都可能不太相信已有的描述，甚至会怀疑这是外行写的：它们的牙齿嵌在软骨袋中，似乎可以像钩子一样随意伸出来使用。

新物种的发现开启了 20 世纪。1905 年，人们发现并描述记录了如今已知的最后一种鳍足目动物：夏威夷僧海豹（Monachus schauinslandi）。早在远古时代，夏威夷群岛的土著居民就已经知道这种海豹了。19 世纪初，俄罗斯和欧洲探险家便观察到了它们。但直到 19 世纪末，一位名叫肖恩斯兰德的德国探险家才对这种热带海洋哺乳动物产生了兴趣，并带回了一块海豹颅骨。这块颅骨后来被陈列于柏林动物学博物馆，德国动物学家保罗 · 马奇（1861—1926）对它进行了研究。

1907 年，一头成年雄性喙鲸在新西兰坎特伯雷附近的布莱顿海滩搁浅，它完整的骨架被收藏在一个小型的私人自然科学博物馆（亨利 · 沃德藏品）中。后来，美国纽约自然历史博物馆将其买下。这具奇特的骨架引起了美国年轻博物学家罗伊·查普曼·安德鲁斯（他当时23岁）的兴趣。他研究后得出结论，这完全是一种新的鲸类。1908年，他描述了这种如今以他命名的中喙鲸：安氏中喙鲸（Mesoplodon bowdoini）。

20世纪初，阿根廷渔民用网捕到了一头奇特的黑白色怀孕鼠海豚。这头鼠海豚被带到了布宜诺斯艾利斯，其胎儿则被泡在甲醛水中。可惜，这头成年鼠海豚样本已遗失。1912年，另一头鼠海豚在拉普拉塔河的蓬塔科拉雷斯搁浅，法裔阿根廷哺乳动物学家费尔南多·拉耶担心再次丢失这种珍贵的科学样本，于是将整头鼠海豚泡在一个巨大的乙醇池中。这头鼠海豚眼睛周围有色素沉积，像眼镜一样。拉耶对此感到很困惑，他记录了该鼠海豚新品种，即黑眶鼠海豚（Phocoena dioptrica，见图36）。即使在今天，这种鼠海豚依然很神秘，因为我们对其生物特性和行为知之甚少。虽然我们现在有很多骨架（大部分都在火地岛和巴塔哥尼亚海滩上发现，约有300多具），但很少发现新鲜的尸体。直到1976年，人们也只发现了9只标本。此后，科学家们就有了有血有肉的标本，以及人们拍摄的活体黑眶鼠海豚照片。1997年3月，澳大利亚的科学家们有幸研究了一头活体。它在埃利奥特港附近搁浅，随后被人工饲养并存活了几天。

1912年，一头雌性中喙鲸在北卡罗来纳州的伯德岛搁

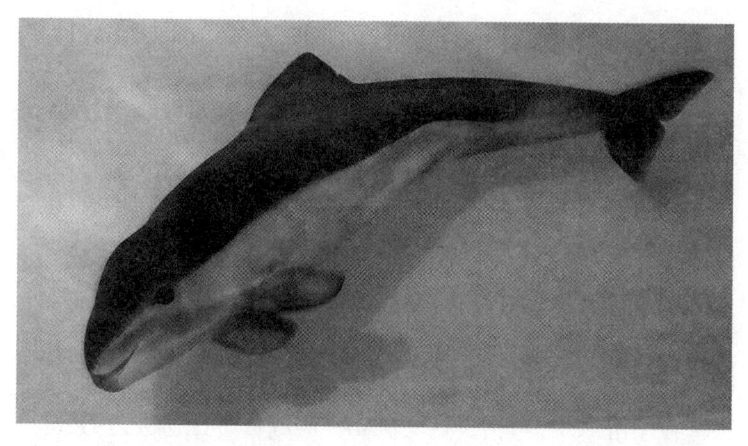

图 36　黑眶鼠海豚是最鲜为人知的鲸类之一，人们对它们的生物特性和构造的了解都来源于海滩上搁浅的尸体（图片由澳大利亚阿德莱德福林德斯大学马克·希尔友情提供）

浅。据此，1913 年，美国哺乳动物学家弗雷德里克·威廉·特鲁描述了一种新的喙鲸，并以他自己的名字命名：特鲁氏中喙鲸（Mesoplodon mirus）[1]。现在，人们还完全没找出这种鲸的秘密，鲸类学家们甚至怀疑，这种鲸可能没有两个亚种！

特鲁氏中喙鲸被描述五年后（1918 年），美国华盛顿国家自然历史博物馆的哺乳动物学家格里特·史密斯·米勒又描述了一种奇特的江豚，这就是查尔斯·霍伊于 1914 年在中

① 最初，这种鲸的拉丁语学名为 Mesoplodon mirum。直到 1941 年，动物学家弗雷德里克·乌尔默才将其改为 Mesoplodon mirus（意为“奇妙喙鲸”）。

国洞庭湖捕到的白鳍豚。过了 88 年，人们认为白鳍豚已经功能性灭绝。

1926 年，昆士兰博物馆馆长赫伯特 · 阿尔伯特 · 朗曼对馆中一个陈列了几十年的神秘颅骨产生了兴趣并研究了它。人们是 1822 年在澳大利亚东北部的麦凯海滩发现的这块颅骨，其构造已严重腐化。朗曼认为这是一个未知的喙鲸物种，并将其命名为太平洋喙鲸（Mesoplodon pacificus）。1955 年，意大利博物学家乌戈 · 福奈奥利在非洲摩加迪沙（索马里）海滩附近发现了类似的第二块颅骨，但也腐坏严重。这块颅骨被带到了佛罗伦萨大学。1968 年，玛丽亚 · 路易莎 · 阿扎罗利教授仔细研究了它，并得出结论：这就是太平洋喙鲸。同年，由于当时的喙鲸科分类比较混乱，美国喙鲸专家约瑟夫 · 柯蒂斯 · 摩尔决定彻底修改其分类。他不仅将太平洋喙鲸定为新物种，而且为其创立了一个新属：印太喙鲸属（Indopacetus pacificus）。摩尔修改分类两年前，华盛顿州圣胡安岛鲸类研究中心的肯 · 巴尔科姆发现了 30 多头这种鲸，发现地点在厄瓜多尔附近的太平洋热带海域。几年后，人们识别出这种鲸生活在印度洋和太平洋。2003 年，人们进行了补充性的基因研究，最终确定了印太喙鲸属名的有效性。总体而言，我们现在有 12 头样本和 65 次目击记录（有的被摄影机详细拍摄了下来），因此，我们能进一步了解这种鲸的内外构造和生活习性。

1933 年，三头喙鲸相继在奥哈瓦海滩（新西兰北岛西海岸）搁浅。据此，1937 年，新西兰惠灵顿博物馆的瓦尔特 · 雷金纳德 · 布鲁克 · 奥利弗创立了另一种喙鲸属名：塔喙鲸属（Tasmacetus）。当时，三头喙鲸搁浅后，谢普尔德教授回收了一头标本，并将其骨架收藏在旺加努伊博物馆中。后来，奥利弗对其进行了研究。这就是谢氏塔喙鲸（Tasmacetus shepherdi），它们是唯一上下颌都有牙齿的喙鲸。塔喙鲸是最鲜为人知的鲸类之一，因为人们极少见到其活体（直到 2006 年仅有 5 例），关于它们的所有资料都来自搁浅的个体（直到 2006 年，全世界共有 42 例）。

1955 年，英国鲸类学家弗朗西斯 · 查尔斯 · 弗雷泽在伦敦的英国自然历史博物馆发现了一具神秘的海豚骨架，当时其标签名称为“白鼠海豚”，是 1895 年从婆罗洲带回的标本。1895 年，一位名叫查尔斯 · 霍斯的人在砂拉越州的卢通河口捕获了这头鲸。1956 年，弗雷泽确认这是一个新属的新种海豚，他将其命名为“砂拉越海豚”，学名定为霍氏海豚（Lagenodelphis hosei）。后来，这种海豚被人称为“弗氏海豚”。可惜，在 20 世纪 60 年代，人们只有这种海豚的一具完整骨架。15 年后的 1971 年，有人在世界热带海域（科科斯岛、南非和澳大利亚）考察了三周，发现了一些活体的“砂拉越海豚”。由此，科学家们就有了足够的样本研究它们。后来，人们在赤道附近的远洋热带海域发现了许多这种海豚。

1957 年，一头长约 5 米的喙鲸在东京西部相模湾的大矶海滩搁浅，东京鲸类研究所的日本鲸类学家西胁将治和粕谷俊雄认为这是一个新品种的喙鲸。这头鲸的两枚牙齿形状像银杏叶，受此启发，他们在 1958 年描述了这种“日本中喙鲸”，并将其学名定为银杏齿中喙鲸（Mesoplodon ginkgodens）。如今，这种鲸也被称为“西胁中喙鲸”。它们依然很神秘，人们只在热带温暖的水域见过几头搁浅的个体，以及偶尔见到几头活体。

1958 年，美国鲸类学家肯·诺里斯和同事威廉·麦克法兰德一起描述了加湾鼠海豚。不幸的是，这种鼠海豚正濒临灭绝。

1963 年，当约瑟夫·柯蒂斯·摩尔首次修改中喙鲸分类时，他分析了 1945—1960 年搁浅的 4 头中喙鲸，从中分出了一种新的中喙鲸，并命名为卡氏中喙鲸（Mesoplodon carlhubbsi），以此致意加州拉霍亚的斯克里普斯海洋研究所的鲸类学家卡尔·利维特·哈勃。1945 年，哈勃研究了加利福尼亚海滩上搁浅的第一头样本，但他将其误认成了安氏中喙鲸（Mesoplodon bowdoini）。现在，我们对卡氏中喙鲸也了解甚少。

1971 年，伯尔尼大脑解剖研究所的瑞士鲸类学家乔治·皮勒里在一次考察中首次发现了印度洋江豚（Neophocaena phocaenoides）。他捕捉了 12 头样本，并和伯尔尼研究所的同事们一起刻苦研究。1972 年，他发现了一种新的江豚，即东亚江豚（Neophocaena asiaeorientalis）。起初，东亚江豚被划归为亚种，后来人们通过分子研究重新将其划归为一个独立种。

人们在 20 世纪描述的最后一种鲸是喙鲸类，它们是最为神秘的鲸。1976 年，在秘鲁沿海一个鱼市附近，美国华盛顿自然历史博物馆的哺乳动物学家吉姆 · 米德收集了一些颅骨碎片。他从颅骨构造中推断出这是一头中喙鲸类，但他坚信这是一个完全未知的品种。1985 年 5 月，一头长 1.6 米的年轻雌性中喙鲸意外落入刺网中，随后被带到了普库萨纳（秘鲁利马省南部）的市场上。一名秘鲁生物学家立即买下了这具鲸尸，拍摄了一些照片，并进行了补充性研究。这些照片被送到了华盛顿，米德将其与之前的神秘颅骨比较。毫无疑问，这是同一种鲸。后来，人们相继在 1986 年 4 月（一头长 3.26 米的雄性）和 1988 年 11 月（另一头长 3.72 米的雄性）捕到了类似的鲸。到了 1991 年，这种鲸累计共有 11 头搁浅。这一年，人们终于给这种鲸定下了学名，并将其划分为独立品种，即秘鲁中喙鲸（Mesoplodon peruvianus，命名人：雷耶斯、米德和范维瑞贝克，1991）。它是迄今为止体型最小的喙鲸。在科学家们对其进行描述后，人们似乎在厄瓜多尔沿海、夏威夷群岛和秘鲁见过它们的活体，还有一些个体则在墨西哥下加利福尼亚、秘鲁和新西兰搁浅。

在20世纪，人们还描述了大量海洋哺乳动物亚种，其中18种描述至今有效，包括12种鲸类（2种须鲸亚目[①]和10种齿鲸亚目[②]）、4种鳍足目（2种海狮科[③]和2种海豹科[④]），以及2种鼬科（水獭亚科）[⑤]。

1938年，魁北克湖中被重新定位的海豹

大多数海豹都生活在海洋中，只有一种海豹生活在淡水里，即贝加尔海豹（Pusa sibirica，命名人：格梅林，1788）。

---

① 须鲸亚目包括2种，即1966年的侏儒蓝鲸（Balaenoptera musculus brevicauda）和1986年的北太平洋小须鲸（Balaenoptera acutorostrata scammoni）。

② 齿鲸亚目包括10种，即亚马孙河豚的奥里诺科河盆地亚种（Inia geoffrensis humboldtiana）、黑海宽吻海豚（Tursiops truncatus ponticus）、东方长吻原海豚（Stenella longirostris orientalis）、中美长吻原海豚（S. l. centroamericana）、东南亚长吻原海豚（S. l. roseiventris）、短吻真海豚黑海亚种（Delphinus delphis ponticus）、印度洋长吻真海豚（Delphinus capensis tropicalis）、江豚日本亚种（Neophocaena phocaenoides sunameri）、港湾鼠海豚黑海亚种（Phocoena phocoena relicta）和特鲁型白腰鼠海豚（Phocoenoides dalli truei）。

③ 海狮科包括2种，即南非海狗澳洲亚种（Arctocephalus pusillus doriferus）和加拉帕戈斯南海狗（A. australis galapagoensis）。

④ 海豹科包括2种，即锡尔湖港海豹（Phoca vitulina mellonae）和千岛港海豹（P. v. stejnegeri）。

⑤ 鼬科包括2种，即阿拉斯加海獭（Enhydra lutris kenyoni）和加州海獭（E. l. nereis）。

这种小型海豹体长1.2~1.4米，是世界最小的鳍足目动物。它们生活在西伯利亚的贝加尔湖，1788年被人发现。虽然人们曾经见过海洋鳍足目动物游到河中甚至湖泊中，但也只是偶然情况。

世界上还有其他鳍足目动物生活在一些湖泊中，它们或多或少都是与海洋品种隔绝的。港海豹（Phoca vitulina，命名人：林奈，1758）在北半球沿海分布广泛[①]，也生活在世界上一些湖泊中，如芬兰的拉多加湖、塞马湖和阿拉斯加的伊利亚姆纳湖。19世纪前，人们甚至还在加拿大安大略湖和尚普兰湖发现过港海豹，但不幸的是，它们如今在当地已经灭绝。不过，还有一种港海豹生活在魁北克北部陆上的一片水域里，即努纳维克的海狼湖，且是当地的特有物种。这片广阔的水域长60公里，宽25公里，由一系列湖泊组成，各湖泊之间的界限不明晰，且其中有许多群岛。海狼湖距哈德森湾150公里，其中生活的100~800头海豹和海洋环境没有任何联系。因此，这些海豹是当地特有物种，几千年来一直如

---

① 现在，哺乳动物学家们将港海豹分为5个亚种：港海豹指名亚种（Phoca vitulina vitulina，大西洋东部）、西大西洋港海豹（P. v. concolor，大西洋西部）、千岛港海豹（P. v. stejnegeri，太平洋西部）、东太港海豹（P. v. richardii，太平洋）和锡尔湖港海豹（Phoca vitulina mellonae，加拿大）。

此（约有 3000～8000 年的历史）[1]。很久以前，有人就已经知道这种海豹了。1757 年，一些垦荒者发现了它们。在 19 世纪的很长一段时间里，猎人和哈德森湾公司的人员都贪婪地捕猎这种港海豹，以获取它们的优质毛皮。

1938 年 3 月，匹兹堡卡耐基博物馆[2]的一支研究团队来到了这片水域，考察这种湖泊中的海豹。他们抓住了一些海豹，但由于没有备好充足的粮食，研究者当时自己都要饿死了，于是便吃掉了其中几头。当然，留下了研究工作必需的那部分海豹构造。四年后，考察团队的动物学家肯尼斯·杜特正式确认，生活在魁北克北部湖泊的港海豹是一个独立的亚种。哺乳动物学家们一致认为，这种海豹是一个完全独立的淡水海豹品种。因此，科学家们将其归为港海豹的亚种：锡尔湖港海豹（Phoca vitulina mellonae，命名人：杜特，1942）。

21 世纪新发现的物种

20 世纪 70 年代，日本科学家们发现，在印度洋与太平洋的低纬度海域，人们捕到了一种奇特的须鲸。于是，技术人员

---

① 实际上，港海豹在距离海洋如此远的湖泊中出现是由于“冰后期海侵”。1.03 万年前，随着最后一块冰帽（美国威斯康辛州）的消失，大陆出现了地壳均衡作用。

② 匹兹堡卡耐基博物馆是一家美国研究机构，因最早研究北美恐龙而闻名。

捕捉了 8 头样本，收集了关于它们的构造和生理数据，并将其送往东京和其他种类的须鲸进行比较。1998 年 9 月，人们又在日本角岛发现了一具须鲸尸体，它看起来像长须鲸，但体型要小得多。它的骨架、鲸须和多个器官（肌肉、脂肪和肾）被收集并送到了东京。起初，日本科学家们认为这是一头当地的“侏儒”布氏鲸（Balaenoptera edeni，命名人：安德森，1878），但通过基因分析后，他们最终确认了上述 9 头须鲸的分类。据此，和田志郎、大石雅之和山田格确定了这是一种新的须鲸，并在 2003 年将其命名为大村鲸（Balaenoptera omurai，俗名角岛鲸），以此纪念日本伟大的鲸类学家大村秀雄。几年后，人们通过对其染色体基因的测序得出，大村鲸是一个独立种，并将其划归到须鲸属下（见图 37）。它们和蓝鲸（Balaenoptera musculus）、布氏鲸以及塞鲸（Balaenoptera borealis）一样，都为同一属，

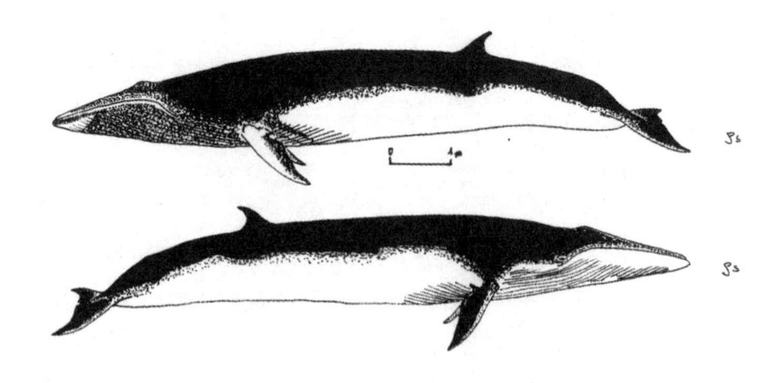

图 37　大村鲸

但早就应该和后两者区分开来了。这种鲸虽然体型很小，但它们的基因很接近蓝鲸。实际上，布氏鲸体长为 9~11 米，是世界最小的须鲸之一，它们现在是十分常见的鲸类。

20 世纪的最后 20 年里，澳大利亚和亚洲动物学家们发现，亚洲的淡水短吻海豚和生活在澳大利亚及巴布亚新几内亚海域的短吻海豚不同。当时，人们只知道一种短吻海豚，即伊河海豚（Orcaella brevirostris），并不了解其他亚种。21 世纪初，澳大利亚科学家伊莎贝尔·比斯利、彼得·阿诺德和美国鲸类学家凯利·罗伯逊着手研究这种海豚的分类，并比较了短吻海豚不同群体之间的构造和基因区别。他们采集了亚洲淡水短吻海豚（湄公河、老挝、泰国、菲律宾和印度尼西亚）及海洋短吻海豚（巴布亚新几内亚和澳大利亚）的基因，对其进行线粒体基因测序来加以分析。结果显示，这两个群体之间毫无疑问有特定的差别。据此，2005 年，他们描述了一个新品种：海因松海豚，又名澳大利亚短吻海豚（Orcaella heinsohni），以此纪念澳大利亚著名鲸类学家乔治·海因松。短吻海豚有两个种并不奇怪，因为在地理位置上，极深的海水分离了这两个群体。从解剖构造来看，澳大利亚短吻海豚背鳍的高度和形状与伊河海豚不同，并且，它们背上没有中线，牙齿形状和肤色也不同（头帽的颜色更深）。

2008 年，动物学家马克·范·罗斯玛伦发表了一篇报告，提出亚马孙海牛（Trichechus inunguis）存在一个矮种，并将其命名为侏儒海牛（Trichechus pygmaeus）。这种海牛只生活在汇入亚马孙河的阿里普阿南河中。它们比亚马孙海牛小（体长1.2~1.3米，重60公斤），肤色很深，几乎呈黑色，腹部有一块白斑。大多数海牛专家认为，范·罗斯玛伦描述的海牛是幼年的亚马孙海牛。人们采集了这些海牛的一些样本组织，并进行基因分析。通过线粒体基因测序，人们发现，这两种有着48.5万年历史的海牛之间有不同之处。但是，华盛顿自然历史博物馆的达瑞尔·多明宁和国际"海牛学"专家们则认为，"矮海牛"的基因可能与幼年亚马孙海牛的基因相同。《自然》杂志曾经拒绝了一篇描述该新种海牛的投稿，然而，2008年，其网站上却发表了该海牛的"官方"描述。总之，科学界目前还不承认该海牛是一个独立的"种"。

2011年还有一大发现，即一个新种澳大利亚宽吻海豚。在21世纪的第一个十年里，一些澳大利亚鲸类学家研究了该国沿海和地方特有的宽吻海豚，后者生活在墨尔本（澳大利亚东南沿海）附近的两片水域（菲利普港湾和吉普斯兰湖）中。他们发现，与宽吻海豚（Tursiops truncatus）和东方宽吻海豚（Tursiops aduncus）相比，这些海豚有不同的解剖构造特点。为了证明该论点，他们研究比较了这三种海豚的基因，结果发现，墨尔本地区的海豚完全是一个独立品种。于是，他们将其命名为布鲁曼海豚（Tursiops australis），该名称借用了澳大利亚当地语言，意为"类似鼠海豚的大海鱼"。这种海豚似乎比宽吻海豚小，比东方宽吻海豚大，其体长在 2.2～2.8 米之间。这种当地特有的海豚分布范围相对较小，总数量不超过 150 头。与科特斯海的鼠海豚一样，它们是鲸类中数量最少的种类之一，因此，对生态破坏非常敏感。截至 2011 年 12 月，世界上的鲸类学家还没有成功推动这一物种名生效，至少海洋哺乳动物学会还未通过这一名称。

总体来看，在 21 世纪第一个十年里，有三个物种已被描述，有一种在怀疑阶段，另一种还未生效。人们的探索还在继续，因为世界上还有其他奇特的鲸类与鳍足类出没在海洋甚至湖泊中，等待哺乳动物学家们去发现。

不断丰富的物种名录

正如我们刚才所讲，人类还远远没有穷尽物种的名录。在 21 世纪头十年里，鲸类学家们发现了一些海洋哺乳动物的新品种，这一趋势还在继续。人们一边在自然中探索新发现，一边在仔细研究博物馆中的动物骸骨，这就说明了妥善保存动物标本的重要性。同时，基因分析技术的进步也促进了新物种和新亚种（或不同地区的种类）的发现。人们已经了解到其中一些品种，甚至大致描述了它们。这种发现不仅出现在海豚类中，而且还出现在侏儒抹香鲸和一些须鲸中。此外，有些旅行和探险日志提到了神秘的动物，它们等待着博学的探险家们去揭开真相。

现在，地球上大约生存着1250万种生物（真细菌、古菌、原生生物、植物、真菌和动物界），其中174万种已被描述记录[①]。因此，还有1076万种生物还有待发现！每年，分类学家、动物学家、植物学家和其他生物学家都会描述1.5万~1.6万个新品种[②]（包括生物中的所有界）。然而，其中20%~40%都只是已知物种的近亲，从某种程度而言就是同一物种；大多数都是昆虫，仅鞘翅目就占了62%（每年都有2300~2500个新品种被描述）；海洋生物占了1600种，以无脊椎动物居多（甲壳类、软体动物、多孔动物等）。因此，无论是海洋还是陆地，无脊椎动物的名录每天都在更新，没有尽头；而脊椎动物的情况并非如此，人们可以定期修订其物种名录，至少是鸟类和哺乳动物名录。目前，人们已统计出的脊椎动物约有4.65万种[③]，而据动物学家估计，地球上大约

① 弗朗索瓦·拉马德（F. Ramade）:《大屠杀下存活物种的未来》（*Le Grand Massacre : l'avenir des espèces vivantes*），阿歇特出版社（Hachette），1999年。

② 仅2010年，科学家们就描述了18225个新品种。

③ 菲利普·布歇（P. Bouchet）:《生物多样性：人类是其他物种的天敌吗？》"难以捉摸的物种名录"（« L'insaisissable inventaire des espèces » dans *Biodiversité: l'homme est-il l'ennemi des autres espèces ?*），科研出版社（La Recherche），2000年。

生活着45万种脊椎动物[1]。其中，人们了解最多的是鸟类和哺乳动物。因此，人们每年只能新发现一到两种鸟类。至于哺乳动物，人们每年能发现15~20个新品种。2000年以来，哺乳动物学家们已经描述了近100个新品种，其中大部分是翼手目和啮齿目，也有灵长目（2000年以来发现了25个新品种）和少量有袋目。鲸类学家还发现了4个新种和2个新亚种[2]鲸类，还可能发现了一个新种海牛，这并非微不足道！水中哺乳动物还有待人们发现！它们还有多少种呢？2种？5种？10种？未来将会告诉我们。

在未来，所谓“再发现”鲸类可能意味着将一些鲸重新分类。有的鲸类虽然已被归为亚种（或不同地区的亚群），但在未来，这些鲸可能会上调分类级别，成为一个独立物种。虎鲸就是如此（我们将在后文谈到），须鲸中也有。须鲸中最为人熟知也最常见的是小须鲸类，又称尖嘴鲸。20世纪，鲸类学家只知道一种小须鲸类，即小须鲸（Balaenoptera acutorostrata，命名人：拉塞佩德，1804）。很快，由于系统发生学的进步，人们发现南半球的小须鲸（当时被划归为小须鲸的亚种）实际

---

① 其中，鱼类有2.2万种，两栖类有4000种，鸟类有6500种，哺乳动物有4330种。

② 花斑喙头海豚印度洋亚种（Cephalorhynchus commersonii kerguelensis）（命名人：罗比诺、古德尔、皮奇勒和贝克尔，2007）和毛伊海豚（Cephalorhynchus hectori maui）。

上是另一个独立物种：南极小须鲸（Balaenoptera bonaerensis，命名人：伯迈斯特，1867）。这两种鲸不仅生活海域不同，一个在北半球（小须鲸），一个在南半球（南极小须鲸），它们的体型也不同（小须鲸体长8~10米，南极小须鲸体长最大可达10.5米），其整体肤色、构造和基因也不同。在南半球，还有一种"入侵"的小须鲸类，它们的整体肤色与北半球的小须鲸一样，但体型更小（体长7~8米），形态较矮。1985年，南非德班一个捕鲸站抓到了几头这种鲸，比勒陀利亚大学的生物学家彼得·巴林顿·贝斯特研究了它们，发现了该"入侵"物种。随后，1987年，昆士兰大学的科学家们在从澳大利亚东部沿海的北部到汤斯维尔海域也记录并研究了这种鲸。后来，人们在南半球直到南极洲的海域都普遍发现了它们。许多鲸类学家怀疑这是一种未知鲸类。日本科学家对以上三类小须鲸[①]做了线粒体基因测序，发现这种矮鲸的基因与南极小须鲸相互隔绝，而与北半球的小须鲸很接近，是北大西洋小须鲸（Balaenoptera acutorostrata acutorostrata）的亚种。同时，我在实地考察中发现，在南设得兰群岛（南极洲），这种"矮小须鲸"很容易和南极小须鲸区分开。现在，"矮小须鲸"在鲸类中的分类还没确定下来。许多人认为它们是小须鲸的一个独

① 这里指小须鲸、南极小须鲸和刚提的这种矮鲸。

立亚种[①]，或未确定的同一级别（或更高级别）[②]。在未来几十年，我们将对它们了解更多。

在须鲸中，还有一种分类令人头疼的鲸：布氏鲸（Balaenoptera edeni，命名人：安德森，1879）。这种鲸只有一个种，且为多型种[③]吗？还是分为两个单型种[④]？鲸类学家们一致认为布氏鲸有两个不同的形态（或亚种）[⑤]：一种生活在远洋（B. e. brydei），一种更多地生活在沿海（B. e. edeni）。即使这两种类型之间真的存在差别，但就这两种形态的分类而言，科学界总体上还未达成一致意见。目前，大多数鲸类学家认为布氏鲸只有一个种，且为多型种！

鲸的分类中还可能会出现一个新问题，即侏儒抹香鲸的分类。所有人都知道抹香鲸（Physeter macrocephalus，命名人：林奈，1758），这种大型齿鲸体长15米，是电影《白鲸记》[⑥]

---

① 该小须鲸亚种尚未被命名。

② 须鲸属（小须鲸）。

③ 这里意为一个种下面包括多个亚种。

④ 这里意为没有亚种。

⑤ 2003年，三名日本科学家描述了大村鲸，而在此之前，人们曾认为布氏鲸有三种形态（包括大村鲸）。

⑥《白鲸》是19世纪美国小说家赫尔曼·梅尔维尔（Herman Melville）于1851年发表的一部海洋题材的长篇小说。1956年的同名电影《白鲸记》改编自这篇小说。——译者注

图 38　拟小抹香鲸，它们有两个有待确认的种类

的主角。1838 年，法国博物学家亨利 · 德布兰维尔描述了一头奇特的鲸，它体长 3 米，隐约像一头小型的抹香鲸，这就是小抹香鲸[①]。几年后，英国著名学者格雷将这种“小型”抹香鲸归入了单独一属：小抹香鲸属。1966 年，汉德利发现，小抹香鲸属不止有一个种，而是有两个。于是，他描述了拟小抹香鲸（Kogia simus，如今的拉丁学名为 Kogia sima，命名人：欧文，1866）。小抹香鲸和拟小抹香鲸（见图 38）是两种不同的抹香鲸，直到近现代才被归入一个单独的科（抹

① 小抹香鲸当时的拉丁学名为 Physeter breviceps，如今则为 Kogia breviceps。

香鲸科)。它们体型小(体长 2~3.5 米),头部呈方形,活动非常隐秘。它们的数量并不稀少,因为人们在全世界见过几百头搁浅的这两种抹香鲸。然而,人们却很少在海中见过它们。2005 年,美国科学家对它们进行了线粒体基因测序,结果发现,小抹香鲸属不止有两个种,而应有三个!小抹香鲸有一种,拟小抹香鲸应有两种:一种生活在大西洋,另一种生活在印度洋与太平洋。我们预计会在未来几年内确认第三种小抹香鲸。

关于一些鲸的分类,人们还存在疑问甚至争议。这主要涉及中喙鲸属。实际上,特鲁氏中喙鲸的南半球群体和北半球群体差别很大,这两者之间确实有基因区别。有些学者认为,它们是两个不同的亚种,甚至不同的种。这两个群体的肤色也完全不同。另一个关于鲸类的争议,就是东方宽吻海豚的真正分类问题。1998 年前,人们只知道宽吻海豚属的一个种,当然,这个种为多型种。继日本科学家研究之后,20 世纪末,科学界将宽吻海豚属分成了两个种:宽吻海豚(Tursiops truncatus,命名人:蒙塔居,1821)和东方宽吻海豚(Tursiops aduncus,命名人:埃伦伯格,1833)。但这两者之间的构造差别非常大,有人怀疑它们是否属于同一个属。人们还发现,它们的基因也有不同。生物学家芭芭拉·埃迪特·柯里研究后指出,东方宽吻海豚更接近原海豚属。她认为,比起宽吻海豚,它们与花斑原海豚(Stenella frontalis,命名人：乔治 · 居维叶，1829）和短吻真海豚（Delphinus delphis，命名人：林奈，1758）才是近亲。因此，柯里建议将东方宽吻海豚归入原海豚属。她的提议引起了争议，但科学界也一直有人希望调整海豚的分类。

关于分类，不止有以上鲸类存在争议。其他种类，例如黑圆头鲸、暗色斑纹海豚或鼠海豚，它们的分类也有争议。随着基因研究的进步，海洋哺乳动物的通常分类会“发生变化”，尤其是鲸类。在未来几年，这些分类很可能大幅度改变，人们可能会创造出新种类。最为人知的鲸类之一——虎鲸的情况就是如此。

虎鲸：科学家们的挑战

2011 年 11 月 28 日，波纳公司的新巡洋舰“北方号”在斯科舍海波涛汹涌的海面上航行。海浪高度超过了 2 米，风力达到了蒲福风级的 3~4 级。我们的船位于马尔维纳斯群岛以东约 645 公里和沙格岩群岛以西约 193 公里处，正在向亚南极的南乔治亚岛前进。我观察着南极海域的洋面，心情很激动，因为十分钟前，我看到了一头长须鲸。我们在操舵室里，蔚蓝无垠的海洋在这里一览无遗。船长艾蒂安 · 加西亚专注地盯着操纵室的信号球，我则密切观察着海浪与波涛，寻找鲸类出现的细微踪迹。突然，在低陷的波涛之中，我看到了一些高高的黑色背鳍。我数了数，4 头、5 头……一共有

20多头。这是虎鲸！它们位于船头和左舷的海域，正在南下，它们会从“北方号”下方经过或阻断我们前进的路线。在它们之中，有10多头体长6~7米的壮年雄鲸，这些雄鲸静静地远离了我们的路线。然而，有12头左右的虎鲸（包括一头雄鲸、几头成年雌鲸和几头幼鲸）在“北方号”的侧边及前方跃出了海面。我们看到，三块暗影在水下紧靠着滑行，随后，海水忽然散开了：三个黑色而泛着光泽的背部浮出了海面。每头鲸都有一个背鳍，其中一头的背鳍比另两头高得多，也更偏右，是一头雄性。这些鲸的身体强壮而精干，并不是常见的虎鲸。它们的额头突出且呈圆形，像圆头鲸一样，眼睛后方的白斑更小。这些虎鲸非常特别。随着它们浮上水面，我能更仔细地观察它们。它们在海浪中滑行，起伏跳跃，展示它们的力量。这些鲸在“北方号”旁边待了近一个小时，给了我们必要的研究和拍摄时间。直到近些年，我们才了解到这种虎鲸！实际上，人们直到2011年才描述了这种鲸。1955年以来，人们只见过它们七次。这就是D型亚南极虎鲸（Orcinus orca，见图39）。它们是一种特别的地区种群，我们需要对其做特殊描述。

虎鲸又名逆戟鲸，显然，《人鱼童话》（*Free Willy*）系列电影使这种鲸名闻天下。虎鲸和宽吻海豚一样，都是动物学家们研究最多的鲸类，而现在，虎鲸给专家们带来了难题。二十年来，围绕南极海域的虎鲸群体，科学界一直争议不断。

图 39　2012 年 12 月，在马尔维纳斯群岛和南乔治亚岛之间的南极海域，遇到的 D 型亚南极虎鲸

南极的虎鲸有多个种或亚种吗？还是说，虎鲸只有一个种，只是在不同区域有不同的形态呢？

虎鲸是一种齿鲸，属于海豚科。因而，虎鲸是海豚科中体型最大的种类[①]。虎鲸是一种世界性的动物，在全球分布广泛。大多数虎鲸生活在沿海，有些群体则生活在远洋。

目前，世界上的鲸类学家只记录了唯一一种虎鲸（Orcinus orca，命名人：林奈，1758）。

① 让-皮埃尔·西尔维斯特(J.-P. Sylvestre)：《虎鲸的尾迹之中》(*Dans le sillage des orques*)，卡梅罗出版社（Kameleo），2006 年。

2008 年起，动物学家们一致同意，南极的虎鲸存在三种生态型，另外还存在一种亚南极虎鲸。这些虎鲸类型由字母表示：A、B、C（南极）和 D（亚南极）型。这些不同地区的虎鲸在形态和生理上有许多不同点，它们可能在不久的将来成为独立的种或亚种。

在近代，有些学者其实已经试着分出了两个种：大西洋虎鲸（Orcinus orca）和太平洋虎鲸（Orcinus rectipinna，命名人：科佩、斯卡蒙，1869）。未来几年，这一争论很可能被再度提上议程。

人们对南极虎鲸群体的基因研究尚处于初级阶段。21 世纪初，一些研究显示，世界上的虎鲸各有不同之处。南极三种不同形态的虎鲸之间似乎不会相互交配，即使它们有时会在同一区域共同生活，但它们之间存在一种基因隔绝的机制。该研究证明了南极和亚南极不同海域存在四种形态的虎鲸，并且由于它们彼此不会“杂交”，那么，它们在遥远的未来可能衍化成四个种的虎鲸。

在更北的亚丁湾东部海域，1971 年，荷兰航海家和博物学家威廉 · 莫泽尔 · 布勒因描述了另一种“虎鲸”，名为“阿卢拉鲸”（Alula Whale）或“阿卢拉杀人鲸”（Alula Killer）。这也是一种中型鲸，体型比海豚大，体长 6~7 米，重约 1.8 吨。这种鲸生活在也门沿海，从某种程度上而言，由于当地政局动荡，这种鲸得以远离考察者和冒险家的好奇心，被“保护”了起来。

双背鳍鲸和“犀海豚”：新物种或怪物？

许多博物学家都提到过有两个背鳍的鲸类，这似乎很奇怪。一切都源于1741年9月，人们在西西里岛利卡塔市的海滩上发现了一头搁浅的“鱼”，它体长14米，周长7.2米，如怪物一般。1742—1743年，西西里博物学家安东尼诺·蒙吉托尔整理了一个当地村民的描述，“它的头上有一个孔，从中有水流出，它的口中有强有力的牙齿”。毫无疑问，这就是一种齿鲸。该描述中还有非常重要的一点：这头动物有两个背鳍！法裔美国博物学家康斯坦丁·塞缪尔·拉法内斯克·施马尔兹科学地描述了这种奇怪的动物，并将其命名为Oxypterus mongitori（意为“蒙吉托尔尖鳍鲸”）。

1819年，法国博物学家让-勒内·康斯坦·科伊和约瑟夫·保罗·盖马尔乘坐“菲兹希安娜号”和“乌剌尼亚号”巡洋舰在海上考察时，于马克萨斯群岛北部发现了一群3米长的“海豚”[①]，它们“额头上有一只角或向后弯曲的鳍，和背鳍

[①] 让-勒内·康斯坦·科伊（J.-R. C. Quoy）、约瑟夫·保罗·盖马尔（J. P. Gaimard）：《1817—1820年：“乌剌尼亚号”和“菲兹希安娜号”上的世界之旅》（*Voyage autour du monde exécuté sur les corvettes S.M. l'Uranie et la Physicienne, pendant les années 1817, 1818, 1819 et 1820*），皮耶艾内出版社（Pillet Aîné），1824年。

一样”。两名学者无法捕捉到样本，于是将它们画下来，并命名为“犀海豚”（Delphinus rhinoceros）。

1840 年，荷兰博物学家赫尔曼·施莱热尔在荷兰一个沙滩上发现了三头海豚，每头都有两个背鳍。1857 年 4 月，人们在英国康沃尔郡兰蒂威湾的峭壁沿岸发现了一群正在嬉戏的海豚，其中两头海豚也有两个背鳍。人们将这一发现告知了威尔士动物学家乔纳森·库奇，后者据此将其与拉法内斯克描述的尖鳍鲸相联系，描述了一个新物种：Delphinus mongitore（意为“蒙氏海豚”）。但它们真的是新物种吗？这次发现的这两头双背鳍海豚完全是普通的海豚，因为它们的其他特征都与该群体的其他海豚相似。我们可以提出疑问，这些海豚也许不是真的畸形“怪物”，只是个别海豚出现了异常。后来，人们的观察在部分程度上证明了这个观点。

1867 年 9 月 4 日，意大利动物学家、人类学家恩里科·希尔耶·吉格利奥利乘坐“玛让达号”进行全球科考的过程（1865—1868）中，遇到了一头奇特的大型鲸类，目击地点位于卡亚俄（秘鲁）和瓦尔帕莱索（智利）之间。这头鲸的背部为灰绿色，它也有“两个发达的背鳍”。恩里科·吉格利奥利认为这是一种鳁鲸。那么，这到底是什么鲸呢？首先，这毫无疑问是须鲸！吉格利奥利画下了这头鲸，并提议给它命名为 Amphiptera pacifica（意为“生活在太平洋、两侧各有一个胸鳍的动物”）。从这幅 1870 年的草图（见图 40）可以看出，

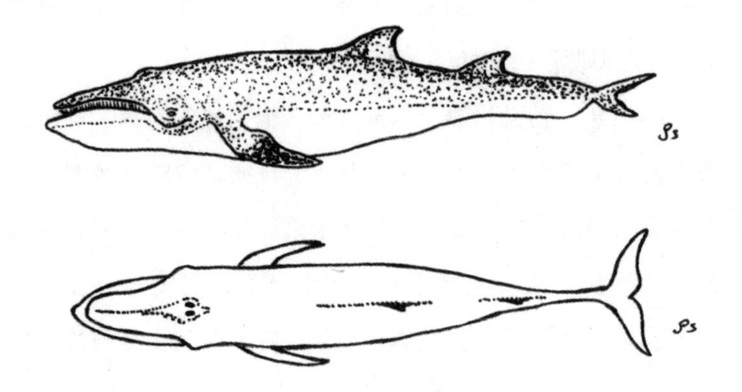

图 40　1867 年 9 月，意大利动物学家吉格利奥利在“玛让达号”上遇到的须鲸图画（图片为让 - 皮埃尔·西尔维斯特摘自恩里科·希尔耶·吉格利奥利的作品）

这头鲸像须鲸，但没有腹沟！

整个 20 世纪，人们在全世界遇到了双背鳍的鲸类。例如，1951 年在佛罗里达、1983 年在地中海西部以及 1999 年在塔希提岛。但这些都是零星的发现，人们没有捕到任何一头样本，用以证明双背鳍海豚和鲸的存在。

然而，1990 年起，许多研究野生鲸类的科学家和博物学家都提到过他们的奇妙经历，他们遇到过种类已知但却有两个背鳍的鲸类，也就是畸形的座头鲸[①]。此外，1997 年在多

① 法语的“畸形”一词为 tératologique，在希腊语中，teras 意为“怪物”，logos 意为“科学”，因此，法语的 tératologie 应该意为“畸变研究”。

米尼加共和国的萨马纳湾、2001 年在澳大利亚的赫维湾以及 2005 年在多米尼加共和国北部的银滩，都有人目击到了双背鳍的座头鲸。后来，2008 年，有人在赫维湾又见到了两头双背鳍的座头鲸，而且 2009 年在新喀里多尼亚、瓦努阿图（太平洋热带海域）和新西兰，2010 年在汤加附近，都有人再次见到它们。人们发现这些异常的座头鲸大多数都和完全“正常”的同类们待在一起，而且毫无疑问座头鲸确实存在这种异态。那么，这种“怪物”有多少头呢？太平洋南部至少有两头（一雄一雌），加勒比海也至少有一头。双背鳍的鲸类是畸形还是突变呢？这一问题至今依然没有答案。

蒙古可能存在的未知生物：淡水“海”象

1985—1990 年，苏联组织了四次科考，一些俄罗斯和蒙古地质学家[①]考察了吉尔吉斯湖的沙石滩上留下的奇特印迹。这片湖位于蒙古西北部，长 75 公里，宽 31 公里，湖岸线长约 253 公里，面积约为 1400 平方公里，水深 40~70 米不等。每年，人们都会在湖岸附近 10~100 米处发现这些神秘的印迹。这些印迹很集中（有 4~10 片），而且很大（每个都长

① 其中的俄罗斯地质学家包括俄罗斯科学院地质研究所的首席地质学家弗拉基米尔·亚莫利克，以及特维尔州扎维多沃自然保护区的生物学家、科研主管瓦莱丽·尼科拉夫。

0.8~1.5 米），深度适中（深 0.5~1 米）。这些印迹使人联想到搁浅的象海豹，如同加利福尼亚（北半球）和南乔治亚岛（南半球）沙滩上的象海豹一样。

春夏季节时，当地人会迁徙到湖北岸，他们会谈论生活在湖中的“大型水生动物”，并称其为“鲸”。当地人害怕这些动物，出于迷信，还会避免看它们。科学家们把该亚洲淡水生态系统列为一些研究的对象，在这里发现了 12 种浮游植物和 10 多种浮游动物。这片湖有一种数量丰富的大鱼，人们会联想到也许有一群大型鳍足目动物以这种鱼为食。这种鱼属于鲤科，体长 1 米，重达 5 公斤或以上，可能分为两种不同的类型：一种以植物为食，另一种以鱼类为食。根据杜尔玛博士的研究，当地人一网下去就能捕获 32~100 公斤的这种鱼。因此，湖里这种鱼的数量很多。如果蒙古人采用系统化的捕鱼方式，他们每年就能捕获 35 万~50 万公斤。俄罗斯科学家们认为，有一种未知的水陆两栖动物生活在湖中，其数量似乎不多。他们估计，这种动物体长 6~8 米，宽 1~1.5 米，重达几吨。由于这种动物会在湖岸待几个小时，因此它们能在水里和陆上生存；它们到陆上很可能是为了休息和晒太阳。它们集体出没，因此是群栖动物。可以看出，这些都是鳍足目动物的常见行为。从其体型来看，它们可能是一种湖生的“象海豹”，或一种完全未知的大型淡水鳍足目动物。

大量物种已经从世界上消失了，且常常被归咎于人类活动。很多新物种被描述，随后消失，就像白鳍豚，几乎是立即消失了。不过，还有一些水生哺乳动物有待人们去发现。对于这些讨人喜欢的动物，我们希望其生物多样性不会减少得太快。地球的未来也依赖于此。

我们也不要忘记，当人们发现新的动物物种时，并不是说它们最近才出现，而是因为它们稀有或者此前没有被详细描述过。从今往后，物种消失的数量会多于新发现的数量，人类对这种生物多样性的失衡负有重要责任。

后记
浮冰之上：被过度报道的捕猎

1977年3月20日，在布朗萨布隆（魁北克下北岸地区），众多欧洲和北美记者聚集于此，倾听法国著名演员碧姬·芭铎的谈话。她在各地进行了五天活动，通过媒体来宣传她的新斗争，即阻止人们每年冬天在纽芬兰、拉布拉多和魁北克的圣劳伦斯河冰盖上“大肆屠杀”“海豹宝宝”。她的此次谈话被媒体广泛宣传，谈话中，她谴责了猎人，并公开声明：“我们聚在这里是为了讨论解决这一世界性问题的方案，我们希望加拿大政府能采取行动，解决该问题。不管怎样，无论发生什么，海豹正在走向灭绝……”此言一出，全世界的媒体都将其作为头条报道，并宣称此处涉及的格陵兰海豹已经濒危，加拿大的恶人们（猎人和政府）正在将其赶尽杀绝。

然而，格陵兰海豹从来都没有灭绝危险，即使现在也一样，它们还远远不会灭绝。因此，事实与媒体报道的完全相反！这种海豹生活在北极和亚北极地区，也会游到北大西洋和北冰洋。它们会随着冰块的突进而迁徙。通常，冬春季节时，它们会在冰盖边缘活动；夏季冰块融化时，又会向北迁徙。格陵兰海豹有三个群体：第一个群体生活在俄罗斯（白海），第二个生活在欧洲西部的浮冰上，第三个生活在加拿大海域。第三个群体分为两个小群，一个小群在拉布拉多南部的北极浮冰上繁殖，另一个小群被称为圣劳伦斯湾亚群，在魁北克马德兰群岛附近繁殖。

对于这种海豹，为什么人们如此不遗余力地谈论保护，却缺乏客观性呢？我想借助一件个人逸事来解释这种现象。

2001 年 3 月，我乘上了加拿大海岸警卫队的直升机，在震耳欲聋的噪声中，我观察着结了薄冰的海面。在我们下方，距离马德兰群岛北岸 60 公里处，一块巨大的浮冰正在不断消融。机内的温度是 -25℃，随着时速 30 公里的西风呼啸，我们感觉温度有 -44℃。起伏不平的冰面在逐渐扩大，并以每天几海里的速度向东扩张。冰盖从圣劳伦斯河入海口一直扩张到了大西洋，覆盖了圣劳伦斯湾大部分的海面。在这片冰面上，我们能发现星星点点的小黑点，这就是格陵兰海豹（Pagophilus groenlandicus，命名人：埃克斯莱本，1777）。

在与直升机飞行员和加拿大渔业及海洋部的生物学家们讨论后，我们决定在这一小群海豹中间降落。在圣劳伦斯湾的这片冰盖上，1000 多头成年雌海豹中，有的在休息，有的在冰面上滑行。它们身边都有一只白色的小毛球，这就是它们的幼崽，幼崽长 85 厘米，重 11 公斤。在魁北克，这些幼崽被称为“小白球”。这就是环保主义者们在 20 世纪七八十年代提到的“海豹宝宝”。其实，幼年格陵兰海豹在不同的脱毛期有不同的外号，这些都是海豹猎人或“海狼猎人”取的：“小黄”（0～4 天）、“小白球”（5～11 天）、“过时者”或“皮匠”（12～16 天）、“克尼鲁”（17～20 天）、“蛙泳者”（21 天～1 岁）和“幼兽”（1～2 岁）。格陵兰海豹出生几周内，毛色会逐渐改变。海豹幼崽刚出生时，会被羊水浸透，从而变成白色。在断奶期时，它们美丽的白色毛发会变为幼年期黑白相间的颜色。

猎人曾经一直渴求小白球（见图 41）的毛皮。从史前时代起，魁北克的美洲印第安人（米克马克人）就在马德兰群

图 41　小白球是指新生的格陵兰海豹，在加拿大的大西洋沿海，它们的毛皮曾是猎人大肆捕杀的目标

岛的陆地上捕猎海豹和海象。随后，巴斯克、诺曼和布列塔尼的航海者们包围了新大陆的这片海岸，猎取肉类、油脂、皮革和“海牛”的牙。16—18世纪，阿卡迪亚人最终在马德兰群岛定居。当时，欧洲人和美洲人实际上已将海象捕杀殆尽，于是，阿卡迪亚人转而瞄准了“海狼”（海豹）。这种捕猎起初为手工操作，在二战后则被产业化。1950年起，由于挪威出现了一种新技术，能在不破坏海豹皮的情况下将其鞣制成革，于是，人们对获取海豹皮更感兴趣了。这种技术加剧了人们的捕猎活动，尤其是捕猎“小白球”。其毛皮主要销往欧洲市场，尤其是德国和法国这两个需求旺盛的国家。直到20世纪80年代，由于环保主义者的反复号召，这种捕猎才停止了。1983年2月28日，欧洲经济委员会成员国通过了一项决议，禁止进口“海豹宝宝”的毛皮。1987年，加拿大禁止人们在加拿大海域商业化捕猎小白球和“蓝背”（幼年冠海豹，Cystophora cristata）。2007年，比利时和荷兰表决通过了禁止进口海豹产品的法律，2009年，欧盟也通过了类似法律。2011年，加拿大和中国之间关于出口海豹肉的协议被推迟，白俄罗斯、哈萨克斯坦和俄罗斯联邦都禁止进出口“小白球”和成年海豹的毛皮。格陵兰海豹和冠海豹成了世界上最受保护的物种，但这种保护是不是过度了？

格陵兰海豹是世界上数量最多的三种鳍足目动物之一，仅次于环斑海豹（又名大理石纹海豹，Pusa hispida，命名人：

史瑞伯，1775）和食蟹海豹（Lobodon carcinophaga，命名人：宏布隆、雅奇诺，1842）。前者数量为 270 万~700 万头，后者数量为 1000 万~1500 万头，甚至 5000 万~7500 万头。20 世纪 80 年代，格陵兰海豹的数量估计有 260 万~380 万头。现在，许多专家一致认为，其总数量达到了 600 万~800 万头。世界上大多数研究鳍足目动物的专家称，格陵兰海豹没有灭绝危险。那么，为什么媒体却大肆宣扬一个虚假情况呢？20 世纪 80 年代，挪威科学家比约恩·伯格弗洛德对欧洲记者们解释道："人们停止捕猎是出于情感因素，而没有考虑任何生态现实。""小白球"外表漂亮可爱，非常能引起同情，尤其是它们的血液洒在冰面上时。很快，一些环保主义者们就知道了如何利用这种震撼的场景，甚至以此来使自己出名。有人认为，有的环保主义者甚至滥用这种场景的图片，利用人们的同情来赚钱牟利。因为这些图片曾经且一直在世界上广为流传，许多职业媒体人自然而然地把它当作了天赐良机[①]。马德兰群岛的一些渔民坦言，一些不择手段的摄影师曾雇佣他们进行模拟屠杀。我们都知道其结果。也正是在马德兰群岛上，环保主义者和猎人们的交涉最为激烈。这些行

---

① 让-皮埃尔·西尔维斯特(J.-P. Sylvestre)：《捕猎海豹：无法解决的北极难题》（*La chasse aux phoques : La quadrature du cercle arctique*），《海洋》（*Mer & océan*）1996 年第 11 期，第 18—25 页。

动其实是错误的，因为在该群岛的整个历史上，捕猎都是手工操作的活动[1]。

现在，一些环保主义者承认了他们的错误。他们不再声称格陵兰海豹濒临灭绝，只是一致反对杀死小海豹的方式。猎人是用粗木棍打死小海豹，然后现场分解它们。所以，很多哺乳动物学家都不明白，大众媒体为何“过度报道”这种数量丰富的物种。同一时期，白鳍豚濒临灭绝；希腊科学家们在试着挽救最后的地中海僧海豹；美国科学家们在试图保护还活着的北大西洋露脊鲸；加利福尼亚鲸类学家在警示公众，加湾鼠海豚已经十分稀少。环保主义者难道不应将保护格陵兰海豹“宝宝”的精力转移到这些真正濒危的物种上吗？所以，他们的环保主义是否扼杀了环保活动呢？由于他们专注于“错误的”事业，他们不可避免地会忽视真正的生态问题。我一直不理解，为什么加拿大一些协会坚持普及白鲸“濒危”的信息，但其实白鲸的数量很稳定，甚至在增长。我也不理解，为什么一些普及性读物总提到长须鲸“濒危”，而实际上，它们在分布区域内很常见。我每次在亚南极海域（马

---

① 阿利耶特·格斯特多费尔（A. Geistdoerfer）：《在魁北克马德兰群岛，捕猎小海豹不是血腥的屠杀》（*La chasse des jeunes phoques aux îles de la Madeleine, Québec, n'est pas une tuerie sanguinaire*），《海洋人类学》（*Anthropologie maritime*）第1期，第53-72页，1984年。

尔维纳斯群岛、南乔治亚岛、德雷克海峡）和南极海域（南奥克尼群岛、南设得兰群岛）考察时，都经常见到大量长须鲸。它们也经常出没于圣劳伦斯河、下加利福尼亚和地中海附近。那么，为什么要如此强调一种并不存在的威胁呢？

现在，科学家和生态学家们一致认为，全球气候变化不仅严重威胁到了环境和群落生境，而且还威胁着大量动物甚至人类的未来。每年冬天，圣劳伦斯湾的冰盖都很普遍，但近几年以来，冰盖的形成时间推迟了，有时候甚至没有或者太少，以至于格陵兰海豹要迁徙到其他地方去繁殖，它们再也找不到稳定的冰盖来生产幼崽了。格陵兰海豹面临的威胁从来都不是捕猎，而是人类活动对极地环境的影响。这种现象是全球性的，我们是时候处理真正的环保问题了。

在起伏不平的冰盖上，猛烈的风开始呼啸，清冷的空气激起了我的思绪。很快就要起风暴了，温度将会降到 -50℃以下。我们应该离开浮冰，回到群岛上了。我们乘坐的加拿大海岸警卫队的直升机开始起飞，这意味着我们要返回了。留下的格陵兰海豹将会抵御魁北克冬天的严寒：它们有维持生存所必要的脂肪层和毛皮。但它们的生存可能迟早会受到全球气候变暖的威胁，而不是捕猎活动。气候问题不仅会影响其他水生哺乳动物，还会影响整个生物多样性。我们不会弄错这场战争，情感不能左右科学，必须坚持不懈地回到科学的道路上来。

我们一定都在某个时候听过鲸歌唱的录音，鲸类通过这种方式来沟通。它们的歌声就像在控诉，正如不同声调的长长呻吟，每次都使我们动容。虽然只是臆测，但我们可能会想，这些庞大的鲸在吸引我们的注意力，让我们重视它们可能面临的灭绝命运——如果我们不采取行动保护它们的话。如果有一天，鲸的歌声消失了，这就像自然界又遭遇了一次死亡，甚至比白鳍豚的消失更加悲剧。生态环境会由此失去平衡，并在短期内成为海洋生物多样性的新威胁。国际社会为调节气候做了许多努力，但在保护生物多样性上的行动则无法与前者相提并论。人类生存，甚至生物圈和地球的未来，正面临着越来越多的挑战。

参考文献

1. A. Berta, J. L. Sumich & K. M. Kovachs, *Marine Mammals. Evolutionnary Biology*, San Diego et Amsterdam: Academic Press et Elsevier, 2006, p.548.

2. A. Darby, *Harpoon into the Heart of Whaling*, Cambridge: Da Capo Press, 2008, p.300.

3. A. Kalland & B. Morean, *Japanese Whaling : End of an Era ?*, Richmond: Curzon Press, 1993, p.228.

4. B. Lubbock, *The Artic Whalers*, Glasgow: Brown Son & Fergusson, 1937.

5. C. F. Masson & S. M. MacDonald, *Otters Ecology and Conservation*, Cambridge University Press, 1986, p.236.

6. D. Robineau, *Une histoire de la chasse à la baleine*, Paris: Vuibert, coll. « Planète vivante », 2007, p.250.

7. D. W. Rice, *Marine Mammals of the World. Systematics and Distribution*, Special Publication Number 4, The Society for Marine Mammalogy, 1998, p. 231.

8. H. Shirihai, B. Jarett, *Guide des mammifères marins du monde*, Paris: Delachaux et Niestlé, coll. « Les guides du naturaliste », 2007, p.394.

9. J. E. King, *Seals of the World*, Londres & Oxford University Press, coll. « British Museum (Natural History) », 1983, p.240.

10. J. E. Reynolds III & D. K. Odell, *Manatees and Dugongs*, New York: Facts on File, 1991, p.192.

11. J. G. M. Thewissen, éd., *The Emergence of Whales: Evolutionary Patterns in the Origin of Cetacea*, New York: Plenum Publ. Corp., 1999, p.477.

12. J.-M. Bompar, *Les Cétacés de Méditerranée*, Aix-en-Provence: Edisud, coll. « Mémoire de mer », 2000, p.188.

13. J. Morikawa, *Whaling in Japan : Power, Politics and Diplomacy*, New York: Columbia University Press, 2009, p.170.

14. J.-P. Sylvestre, *Baleines et cachalots*, Lausanne: Delachaux et Niestlé, 1989, p.135.

15. J.-P. Sylvestre, *Guide des dauphins et marsouins*, Lausanne: Delachaux et Niestlé, 1990, p.159.

16. J.-P. Sylvestre, *Guide des mammifères marins du Canada*, Montréal: Broquet, 1998, p.330.

17. J.-P. Sylvestre, *Le Grand Dauphin et ses cousins*, Paris: Delachaux et Niestlé, coll. « Les sentiers du naturaliste », 2009, p.192.

18. J.-P. Sylvestre, *Les Baleines et autres rorquals*,

Paris: Delachaux et Niestlé, coll. « Les sentiers du naturaliste », 2010, p.192.

19. J.-P. Sylvestre & R. Marion, *Guide des otaries, phoques et siréniens*, Lausanne: Delachaux et Niestlé, 1993, p.160.

20. J. Ripple & D. Perrine, *Manatees and Dugongs of the World*, Stillwater, Maine: Voyageur Press, 1999, p.140.

21. J.-Y. Cousteau & Y. Paccalet, *La Planète des baleines*, Paris: Robert Laffont, 1986, p.279.

22. L. Watson, *Sea Guide to Whales of the World*, Londres: Hutchinson, 1981, p. 302.

23. M. Klinowska, *Dolphins, Porpoises and Whales*, Gland (Suisse): IUCN, « The IUCN Red Data Book », 1991, p. 429.

24. M. Riedman, *The Pinnipeds : Seals, Sea Lions and Walruses*, Oxford: University of California Press, 1990, p.439.

25. N. Di Sciara & M. Demma, *Guida dei Mammiferi Marini del Mediterraneo*, Padoue: Franco Muzzio editore, 1994, p.262.

26. P. Budker, *Baleines et baleiniers*, Paris: coll. « Horizons de France », 1957, p.193.

27. P. Chanin, *The Natural History of Otters*, Londres, Christopher Helm, 1985, p.179.

28. R. Ellis, *The Book of Whales*, New York: Alfred A. Knopf, 1980, p.202.

29. R. Ellis, *Dolphins and Porpoises*, New York: Alfred A. Knopf, 1982, p.200.

30. R. R. Reeves, B. S. Stewart & S. Leatherwood, *The Sierra Club Handbook of Seals and Sirenians*, San Francisco: Sierra Club Books, 1992, p.359.

31. R. R. Reeves, B. S. Stewart, B. J. Clapham & J. A. Powell, *Guide to Marine Mammals of the World*, New York: National Audubon Society, Alfred A. Knopf, 2002, p.528.

32. R. Rosoux, G. Green, *La Loutre*, Paris: Belin, coll. «Éveil Nature », 2004, p.96.

33. S. H. Ridgway, éd., *Mammals of the Sea : Biology and Medecine*, Springfield: Charles Thomas Publ., 1972, p.812.

34. T. A. Jefferson, S. Leatherwood & M. A. Webber, *Marine Mammals of the World*, Rome: FAO, « FAO Species Identification Guide », 1993, p.320.

35. T. Du Pasquier, *Les Baleiniers français de Louis XVI à Napoléon*, Paris: H. Veyrier, 1990.

36. W. F. Perrin, B. Würsig & J. G. M. Thewissen, éd., *Encyclopedia of Marine Mammals*, San Diego: Academic Press, 2002, p.1414.

37. W. H. Dudok van Heel, *Extraordinaires dauphins*, Rossel: coll. « Nature/Sciences », 1974, p.141.

38. W. N. Bonner, *The Natural History of Seals*, New York: Facts on File, 1990, p.196.

39. Y. Cohat, *Vie et mort des baleines*, Paris: Gallimard, coll. « Découvertes », 1986, p.279.

致谢

没有许多人的积极参与和帮助，一本书就不可能完成。我很清楚地知道，尽管书的封面只有我一人的名字，但本书显然是团队劳动的成果。在本书的幕后团队中，一些人起了关键作用，没有他们的帮助，本书就不可能出版，我想在这里感谢他们。

首先，我想感谢我的朋友西尔万·马于齐耶、阿兰·奥马尔、弗朗索瓦丝·奥马尔、皮埃尔·贝尔蒂奥姆、琳内·普瓦特拉、皮埃尔·勒迪克和卡特琳·埃尔尼，他们一直关注着我的整个旅途，并针对我的旅途和工作提供了许多宝贵的科学见解。

同样地，我也想感谢我已逝的旧友和同行，他们作为哺乳动物学家和博物学家，见证了我在鲸类学研究中迈出的第一步。我尤其怀念夏尔·鲁克斯、保罗·比德克、露西·阿尔维、乔戈·皮耶里、大村秀雄、鸟羽山照夫、沃尔冈·格瓦尔特、大卫·考德威尔和梅尔巴·考德威尔。从某种程度而言，本书是他们的作品。

我十分感激许多同事和朋友，因为他们，我才能接触到世界各地保存的资料、图片和样本。由于他们人数众多，我无法在这里逐一列举，希望他们能够理解。

我谨向我的一些同事和船员朋友们致以深沉的谢意，我们曾在夏季的圣劳伦斯河与冬季的南极洲考察，一同坚持不懈地观察海洋，以便更多地了解海洋哺乳动物。

最后，如果没有主编弗朗索瓦·布维耶的信赖、意见和建设性的批评，本书就不可能问世。因此，我诚挚地感谢他热情的建议与工作，以及阿尔班·米歇尔出版社负责出版本书的全体员工。

绿色发展通识丛书 · 书目

GENERAL BOOKS OF GREEN DEVELOPMENT

01 **巴黎气候大会30问**

[法]帕斯卡尔·坎芬　彼得·史泰姆/著
王瑶琴/译

02 **大规模适应**
气候、资本与灾害

[法]罗曼·菲力/著
王茜/译

03 **倒计时开始了吗**

[法]阿尔贝·雅卡尔/著
田晶/译

04 **古今气候启示录**

[法]雷蒙德·沃森内/著
方友忠/译

05 **国际气候谈判20年**

[法]斯特凡·艾库特　艾米·达昂/著
何亚婧　盛霜/译

06 **化石文明的黄昏**

[法]热纳维埃芙·菲罗纳-克洛泽/著
叶蔚林/译

07 **环境教育实用指南**

[法]耶维·布鲁格诺/编
周晨欣/译

08 **节制带来幸福**

[法]皮埃尔·哈比/著
唐蜜/译

20 **认识水**

[法] 阿加特·厄曾　卡特琳娜·让戴尔　雷米·莫斯利 / 著
王思航　李锋 / 译

21 **如果鲸鱼之歌成为绝唱**

[法] 让-皮埃尔·西尔维斯特 / 著
盛霜 / 译

22 **如何解决能源过渡的金融难题**

[法] 阿兰·格兰德让　米黑耶·马提尼 / 著
叶蔚林 / 译

23 **生物多样性的一次次危机**
生物危机的五大历史历程

[法] 帕特里克·德·维沃 / 著
吴博 / 译

24 **实用生态学（第七版）**

[法] 弗朗索瓦·拉玛德 / 著
蔡婷玉 / 译

25 **食物绝境**

[法] 尼古拉·于洛　法国生态监督委员会　卡丽娜·卢·马蒂尼翁 / 著
赵飒 / 译

26 **食物主权与生态女性主义**
范达娜·席娃访谈录

[法] 李欧内·阿斯特鲁克 / 著
王存苗 / 译

27 **世界能源地图**

[法] 伯特兰·巴雷　贝尔纳黛特·美莱娜-舒马克 / 著
李锋 / 译

28 **世界有意义吗**

[法] 让-马利·贝尔特　皮埃尔·哈比 / 著
薛静密 / 译

29 **世界在我们手中**
各国可持续发展状况环球之旅

[法] 马克·吉罗　西尔万·德拉韦尔涅 / 著
刘雯雯 / 译

30 **泰坦尼克号症候群**

[法] 尼古拉·于洛 / 著
吴博 / 译

31 **温室效应与气候变化**

［法］斯凡特·阿伦乌尼斯　等／著
张铱／译

32 **向人类讲解经济**
一只昆虫的视角

［法］艾曼纽·德拉诺瓦／著
王旻／译

33 **应该害怕纳米吗**

［法］弗朗斯琳娜·玛拉诺／著
吴博／译

34 **永续经济**
走出新经济革命的迷失

［法］艾曼纽·德拉诺瓦／著
胡瑜／译

35 **勇敢行动**
全球气候治理的行动方案

［法］尼古拉·于洛／著
田晶／译

36 **与狼共栖**
人与动物的外交模式

［法］巴蒂斯特·莫里佐／著
赵冉／译

37 **正视生态伦理**
改变我们现有的生活模式

［法］科琳娜·佩吕雄／著
刘卉／译

38 **重返生态农业**

［法］皮埃尔·哈比／著
忻应嗣／译

39 **棕榈油的谎言与真相**

［法］艾玛纽埃尔·格伦德曼／著
张黎／译

40 **走出化石时代**
低碳变革就在眼前

［法］马克西姆·孔布／著
韩珠萍／译